工程图学基础习题集

李雪梅 主 编
邝 明 高 悦 副主编

清华大学出版社
北京交通大学出版社
·北京·

内 容 简 介

本书是与《工程图学基础》教材配套使用的习题集，章节编排顺序与《工程图学基础》教材相同。

本书共包含十一章，主要内容有：制图基本知识、投影基本知识、平面立体、曲面及曲面立体、组合体、轴测投影、图样画法、透视投影、机械图、土木工程图、计算机辅助绘图等。

本书适合作为电子类、通信类、管理类等专业的工程制图课程的习题教材。

本书封面贴有清华大学出版社防伪标签，无标签者不得销售。
版权所有，侵权必究。侵权举报电话：010-62782989　13501256678　13801310933

图书在版编目(CIP)数据

工程图学基础习题集/李雪梅主编. —北京：清华大学出版社；北京交通大学出版社，2009.1(2017.1 重印)
ISBN 978-7-81123-448-0

Ⅰ.工… Ⅱ.李… Ⅲ.工程制图-高等学校-习题　Ⅳ.TB23-44

中国版本图书馆 CIP 数据核字（2008）第 182205 号

责任编辑：韩　乐	
出版发行：清 华 大 学 出 版 社　邮编：100084　电话：010-62776969　http://www.tup.com.cn	
北京交通大学出版社　邮编：100044　电话：010-51686414　http://press.bjtu.edu.cn	
印 刷 者：北京泽宇印刷有限公司	
经　　销：全国新华书店	
开　　本：185×260　印张：10　字数：134 千字	
版　　次：2009 年 7 月第 1 版　2017 年 1 月第 7 次印刷	
书　　号：ISBN 978-7-81123-448-0/TB·13	
印　　数：14 501～16 000 册　定价：18.00 元	

本书如有质量问题，请向北京交通大学出版社质监组反映。对您的意见和批评，我们表示欢迎和感谢。
投诉电话：010-51686043，51686008；传真：010-62225406；E-mail：press@bjtu.edu.cn。

前 言

  本习题集是在多年教学经验积累基础上,结合近年制图教学改革的实践编选而成的,与李雪梅主编的《工程图学基础》教材配套使用。

  习题内容和编排顺序与教材保持一致,以习题编号的第一个数字表示章,如1-1表示第1章的第1题。习题的内容由浅入深,并注重了习题形式的多样性和创造性思维的培养。使用本习题集应注意以下几点。

1. 作题时必须运用教材第1章"制图基本知识"中的关于图线和绘图工具、仪器的使用方法等知识,严格按规定的线型和投影特性,用绘图工具和仪器进行绘制。除1-5题之外,一律不许徒手作图。

2. 作题之前,要充分理解教材上有关的基本概念和内容,通过作题进一步巩固和掌握基本知识。

3. 习题编号带有＊号的为具有一定难度的拓展题。

  本习题集由北京交通大学李雪梅任主编,邝明、高悦任副主编。

  由于编者水平有限,习题集中不妥和疏漏之处在所难免,欢迎读者评判、指正。

编 者

2009.5 于北京交通大学

目 录

第 1 章 制图基本知识 …………………………………………………………………………… 1
第 2 章 投影基本知识 …………………………………………………………………………… 7
第 3 章 平面立体 ………………………………………………………………………………… 12
第 4 章 曲面立体 ………………………………………………………………………………… 17
第 5 章 组合体 …………………………………………………………………………………… 24
第 6 章 轴测投影 ………………………………………………………………………………… 45
第 7 章 图样画法 ………………………………………………………………………………… 49
第 8 章 透视投影 ………………………………………………………………………………… 60
第 9 章 机械图 …………………………………………………………………………………… 66
第 10 章 土木工程图 ……………………………………………………………………………… 71
第 11 章 计算机辅助绘图 ………………………………………………………………………… 74

第1章 制图基本知识

制图基本知识（一）　　　　班级　　　姓名　　　学号

1-1 按要求抄绘图线或图形。

(1) 按制图标准对图线的规定补画各图中指定位置的图线或箭头。

(2) 在图形的下方抄绘该形，尺寸从图中按实际大小量取，取整。

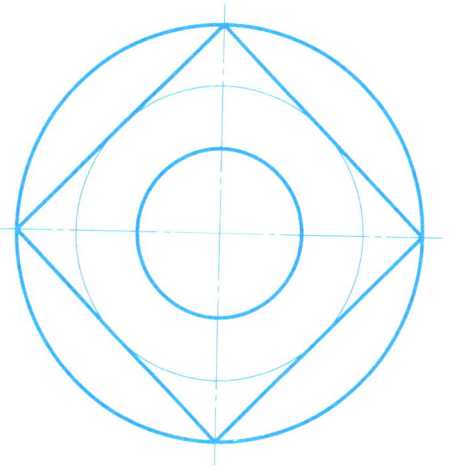
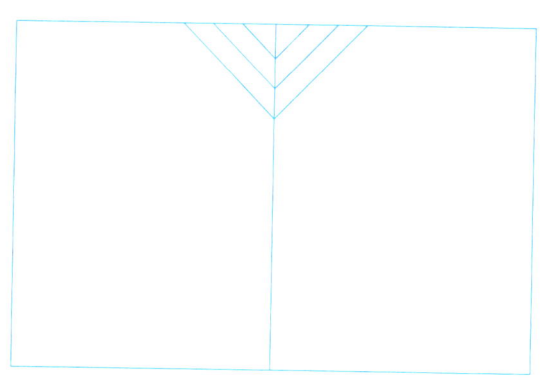

制图基本知识（三）　　　　　　　　　　　　　　　　　　　班级　　　　姓名　　　　学号

1-3　在图的下方空白处，用1∶1的比例抄绘图形。

(1)

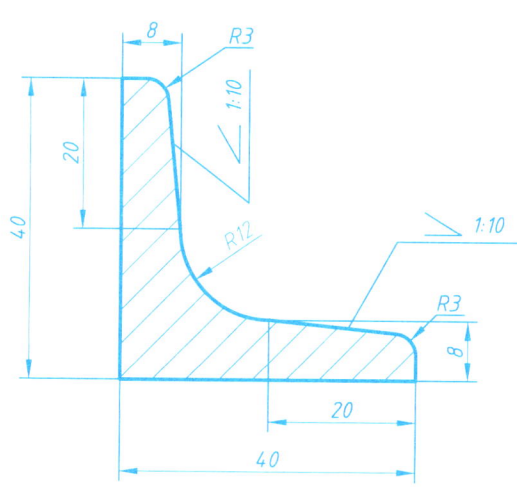

(2)

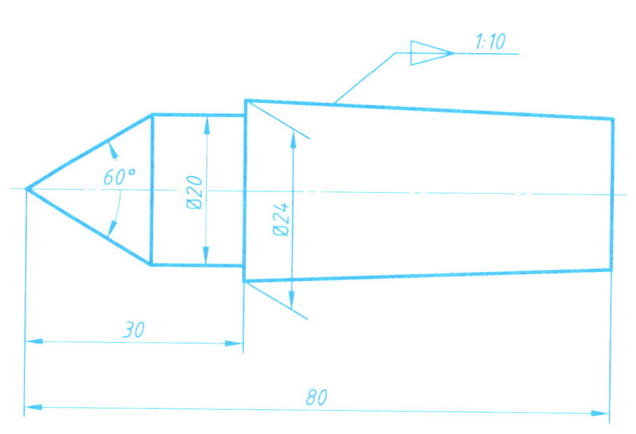

3

制图基本知识（四）　　　　　　　　　　　　　　　　班级　　　　姓名　　　　学号

1-4 按图示尺寸在空白处，用1∶1的比例抄绘图形，并标注尺寸。

（1）

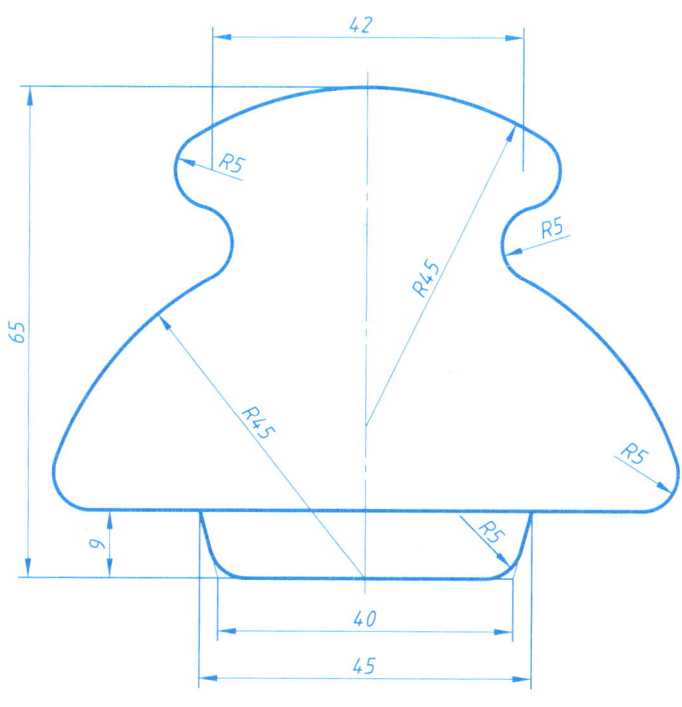

制图基本知识（五） 班级 姓名 学号

（2）

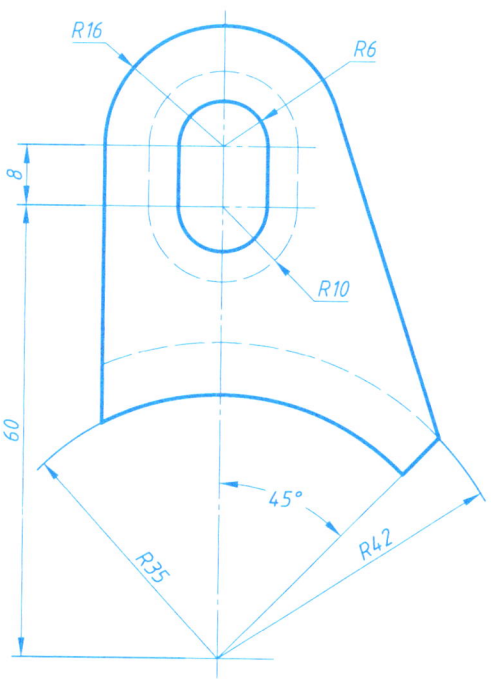

制图基本知识（六） 班级 姓名 学号

1-5 根据给出的图样，画徒手图。

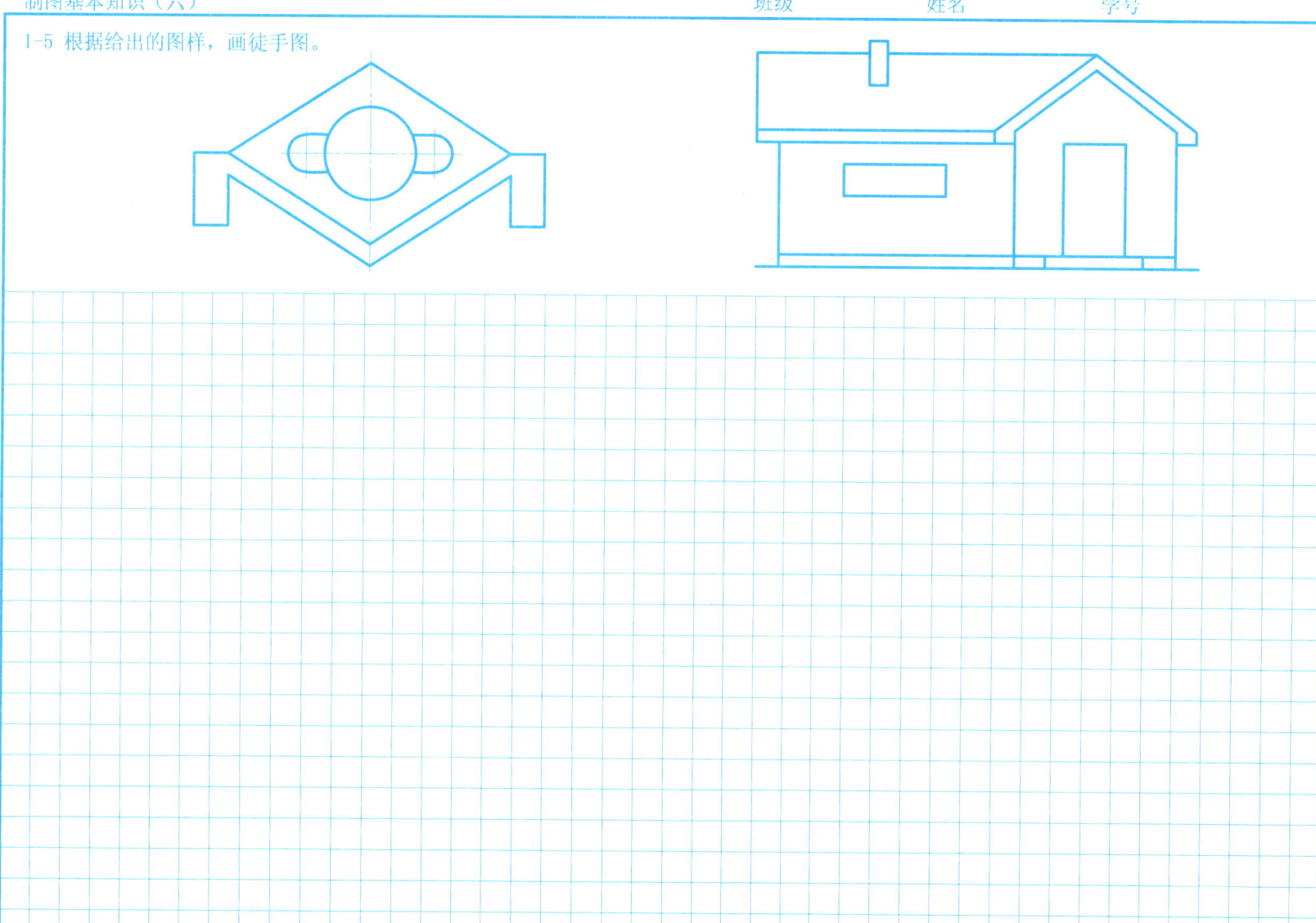

第 2 章 投影基本知识

投影基本知识（一）　　　　班级　　　　姓名　　　　学号

2-1 已知右侧立体图所示物体的两面投影，试在最下一排投影图中选择一个相应的第三投影，使其与已知投影组成右侧某一立体的三面投影，并按投影关系绘制在相应位置，同时将立体图的编号填在圆圈内。

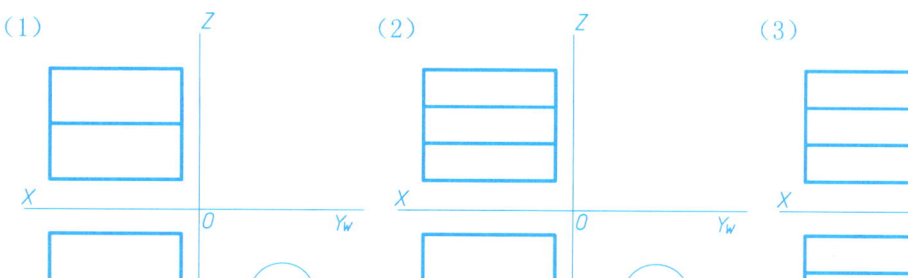

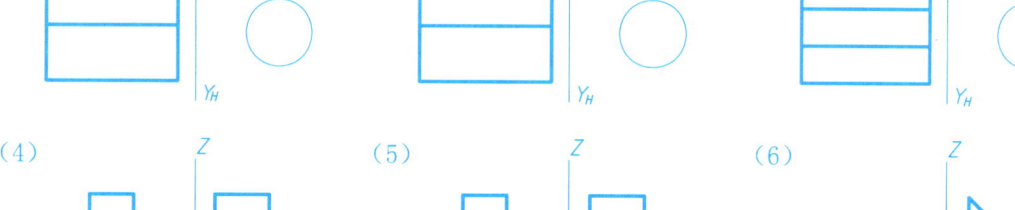

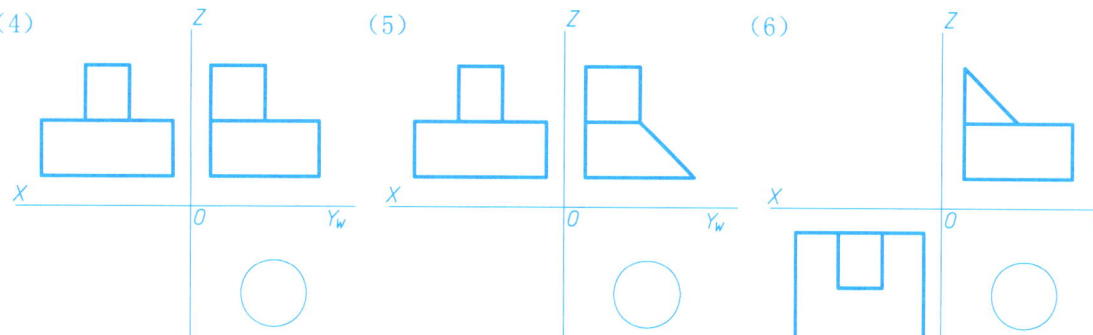

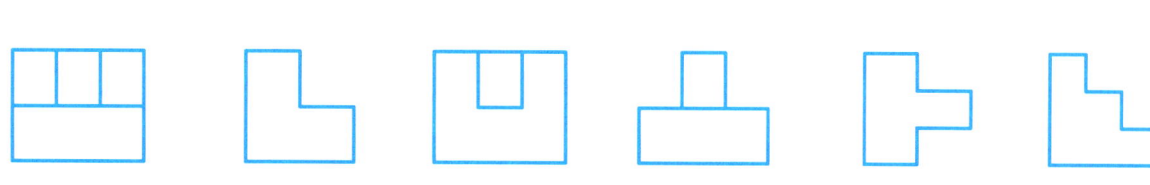

投影基本知识（二）　　　　　　　　　　　　　　　　　　　　　班级　　　　姓名　　　　学号

2-2 以粗实线绘制的投影图为准，根据投影规律改正未加深投影图中的错误，并加深改正后的投影图。

（1）
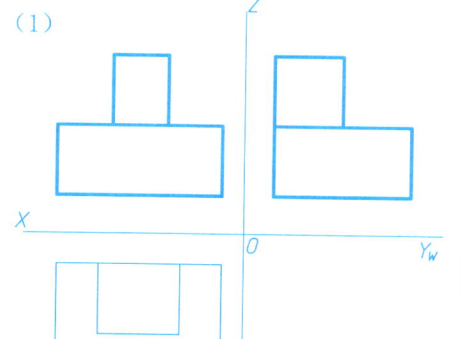
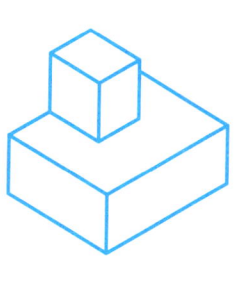

（2）
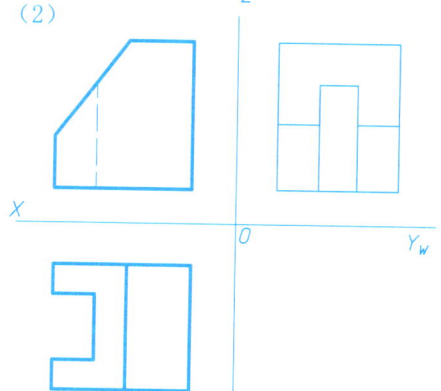
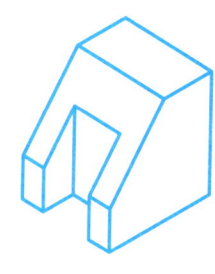

（3）
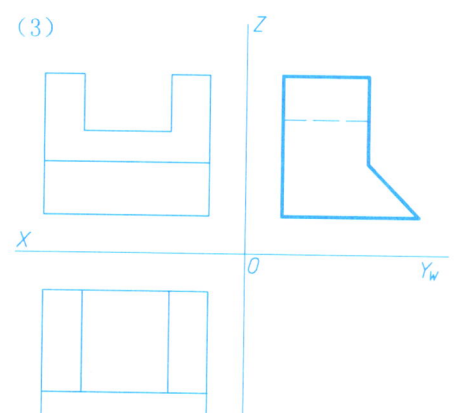
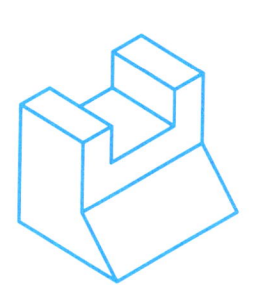

（4）
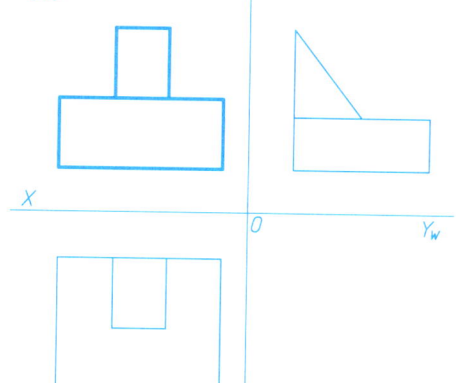
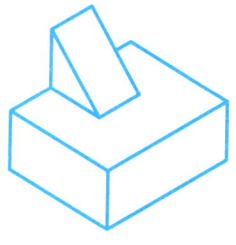

8

投影基本知识（三）　　　　　　　　　　　　　　　　班级　　　　姓名　　　　学号

2-3 按要求完成下列各题，标注方式参照第（1）题。
（1）填写图示各平面的名称。

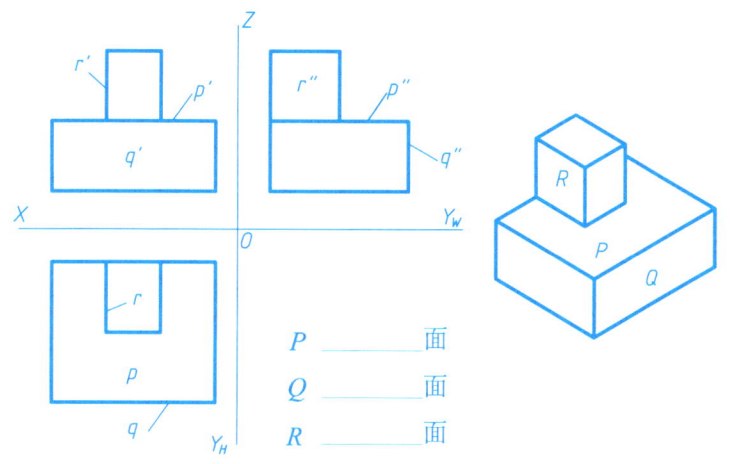

P _____ 面
Q _____ 面
R _____ 面

（2）加深并标注平面 A、B、C 的三面投影，填写各平面名称。

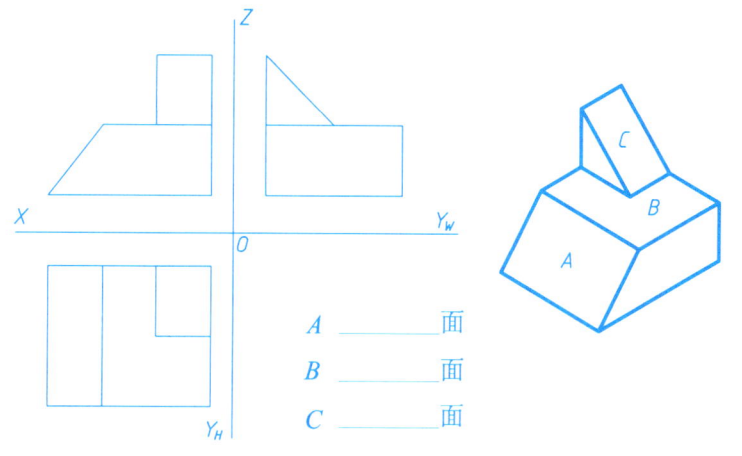

A _____ 面
B _____ 面
C _____ 面

（3）加深并标注平面 P、Q 的三面投影，然后填空。

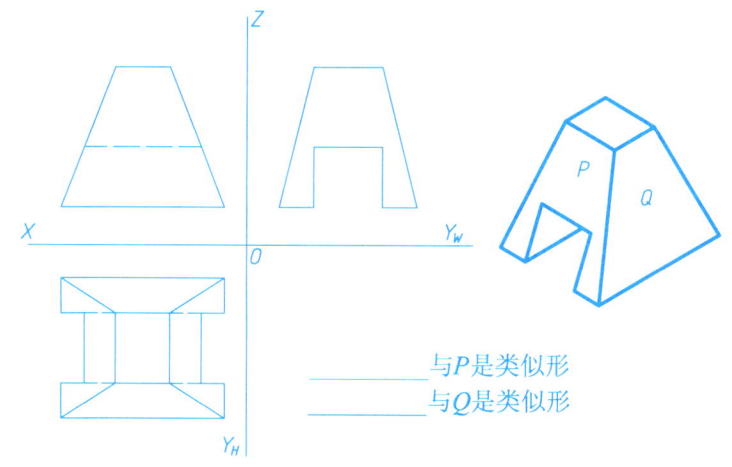

_____ 与P是类似形
_____ 与Q是类似形

（4）自选平行面、垂直面和一般位置面各一个，分别在立体图和投影图中加深并标注字母，填写平面名称。

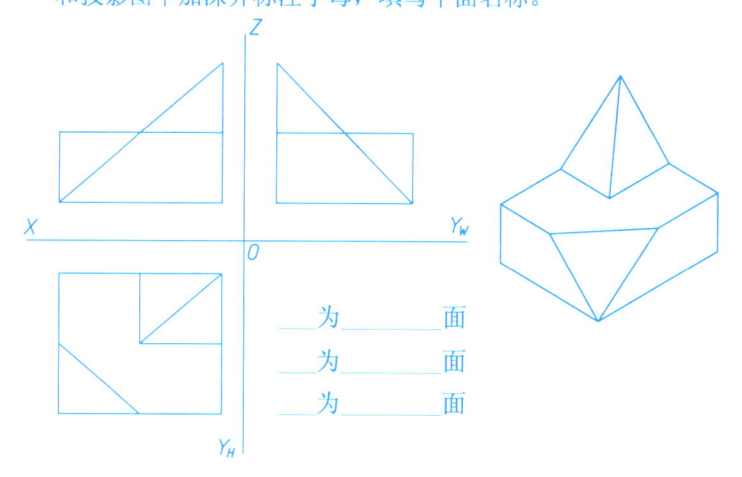

_____ 为 _____ 面
_____ 为 _____ 面
_____ 为 _____ 面

投影基本知识（四）　　　　　　　　　　　　　　　　　　班级　　　　姓名　　　　学号

2-4 参照物体的立体图，按要求完成下列各题。

（1）在投影图中加深、标注直线AB、CD并填空。

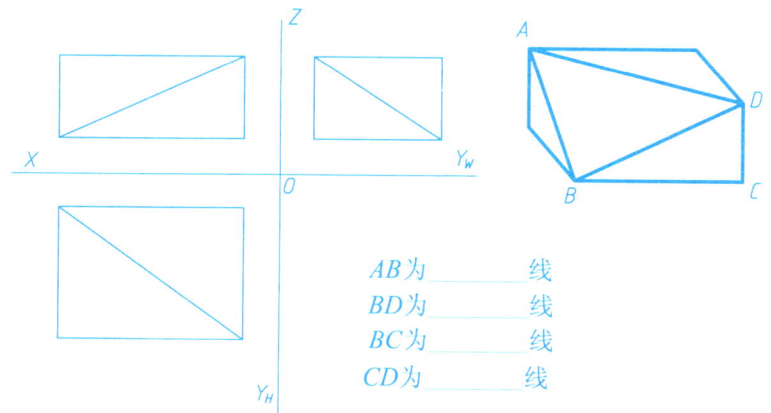

AB为_____线
BD为_____线
BC为_____线
CD为_____线

（2）在投影图中加深、标注直线BC、DE，并填空。

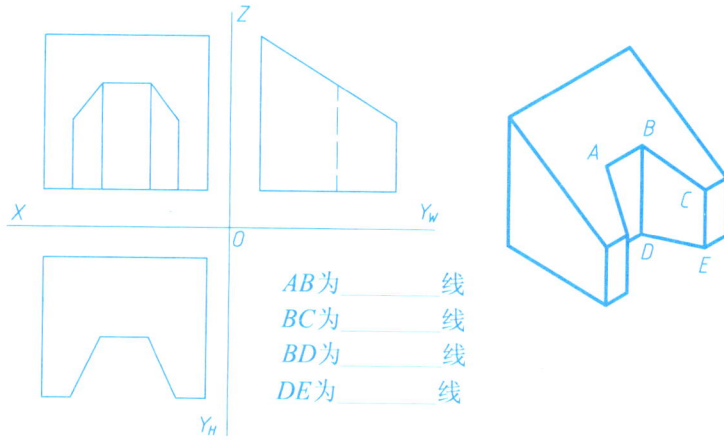

AB为_____线
BC为_____线
BD为_____线
DE为_____线

（3）在投影图和立体图中加深并标注一般位置线、特殊位置线各一条。

_____为_____线
_____为_____线

（4）在立体图上画出表面上的一水平线和正平线，并画出其投影图。

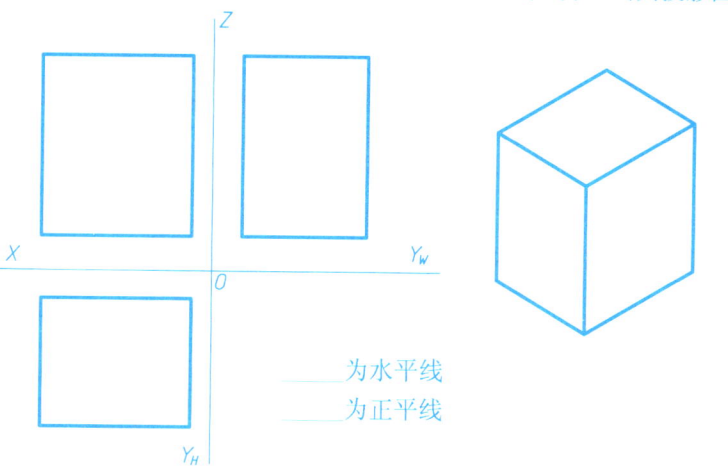

_____为水平线
_____为正平线

投影基本知识（五）　　　　　　　　　　　　　　　　　　班级　　　姓名　　　学号

2-5 根据已知投影，求直线的第三投影。

（1）求一般位置直线的水平投影。　　　（2）求直线的水平投影并填空。　　　（3）求直线的侧面投影并填空。

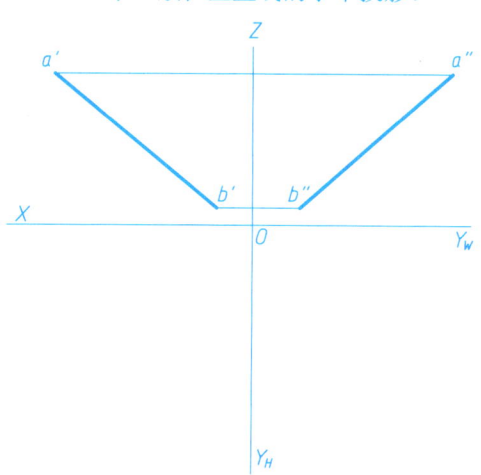 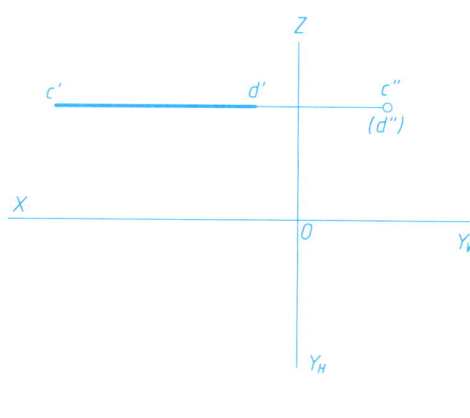 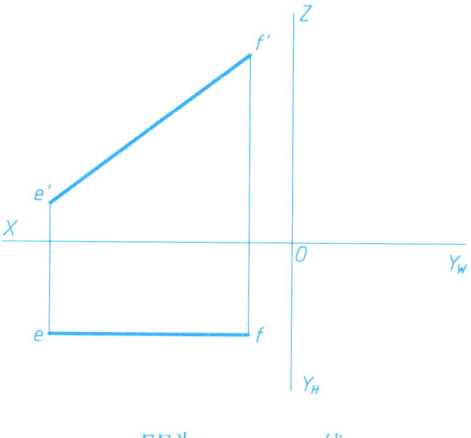

　　　　　　　　　　　　　　　　　　　　CD 为　　　　　　线　　　　　　　　EF 为　　　　　　线

2-6 根据已知投影，求平面的第三投影。

（3）求一般位置平面的侧面投影。　　　（2）求平面的侧面投影并填空。　　　（2）求平面的正面投影并填空。

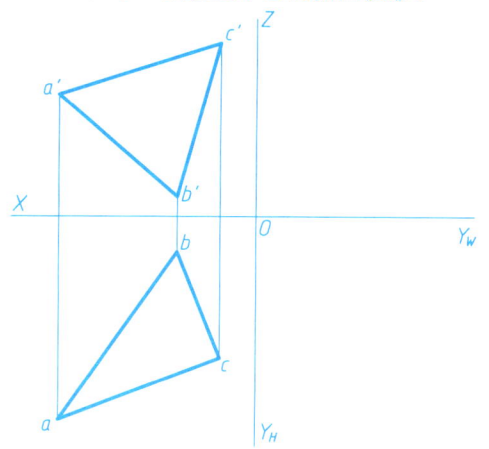 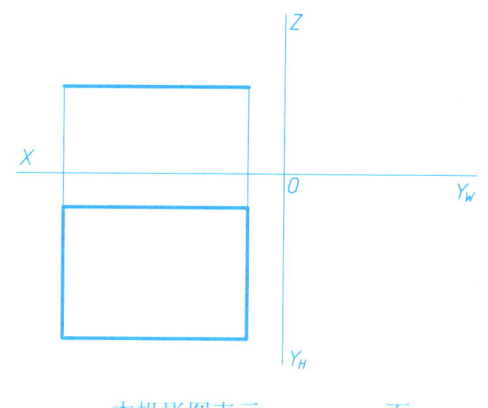 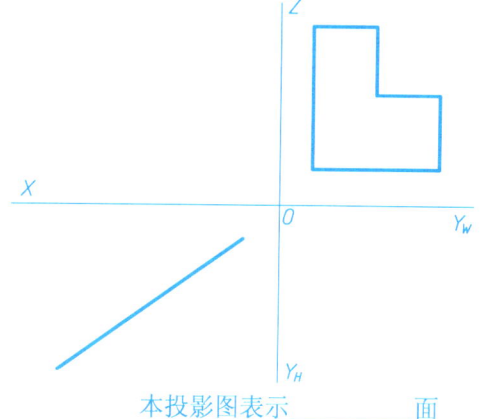

　　　　　　　　　　　　　　　　　　　本投影图表示　　　　　面　　　　　　本投影图表示　　　　　面

第3章 平面立体　　平面立体（一）　　　　　班级　　　姓名　　　学号

3-1 画出三棱柱的正面投影。

3-2 画出三棱锥的侧面投影。

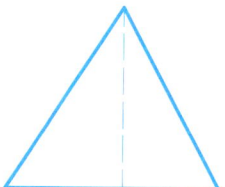
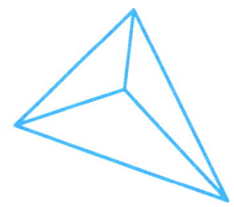

3-3 画出正五棱柱的水平投影。

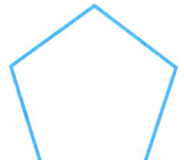

3-4 画出五棱台的侧面投影。

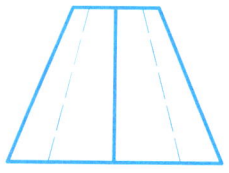
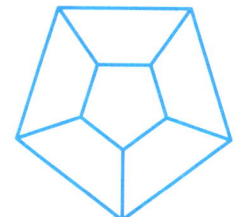

平面立体（二）　　　　　　　　　　　　　　　　　　　　　班级　　　姓名　　　学号

3-5 补全三棱锥表面上的点和直线的投影。

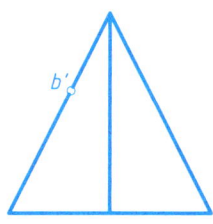 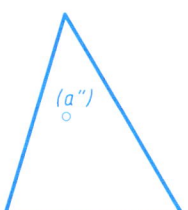

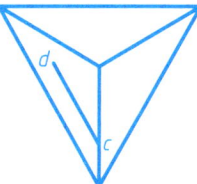

3-6 补全四棱柱表面上的点和直线的投影。

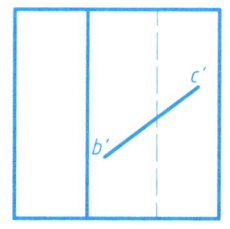 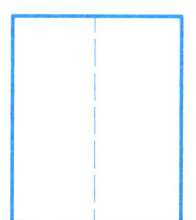

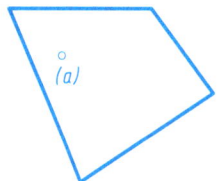

3-7 补全正六棱柱表面上的点和线的投影。

 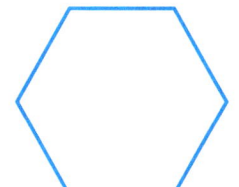

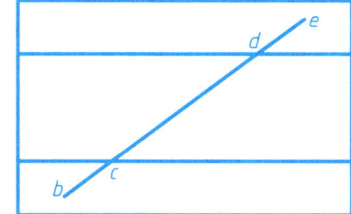

3-8 画出四棱台的侧面投影，并补全其表面上的点和线的投影。

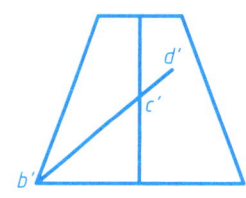

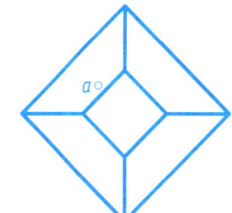

平面立体（三）　　　　　　　　　　　　　　　　　　　班级　　　　姓名　　　　学号

3-9　求正垂面P与三棱锥的截交线。

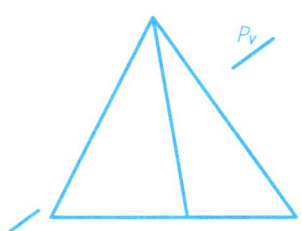 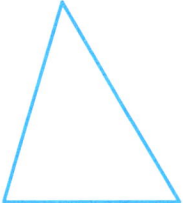

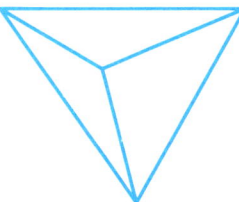

3-10　求正垂面P与三棱柱的截交线。

3-11　补全截切后四棱锥的水平投影和侧面投影。

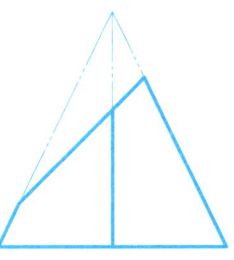 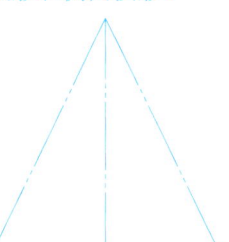

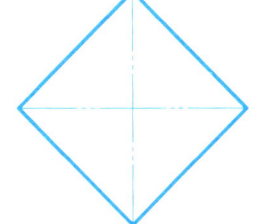

3-12　补全四棱柱截切后的正面投影和侧面投影。

 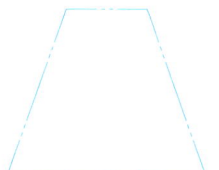

平面立体（四）　　　　　　　　　　　　　　　　　　　　　班级　　　　姓名　　　　学号

3-13　求八棱柱截切后的水平投影。

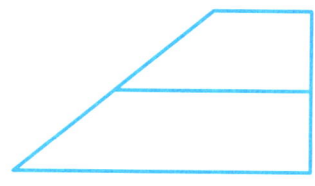 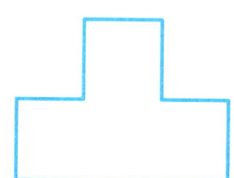

3-14　补全八棱柱截切后的水平投影和侧面投影。

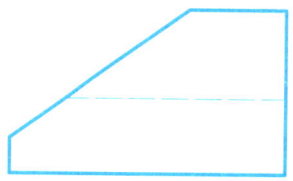 

3-15　补全三棱柱截切后的水平投影和侧面投影。

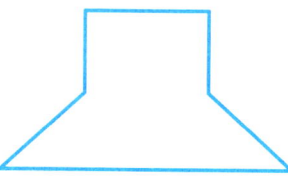 

3-16　补全四棱台截去V形槽后的水平投影和侧面投影。

 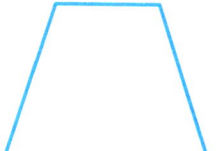

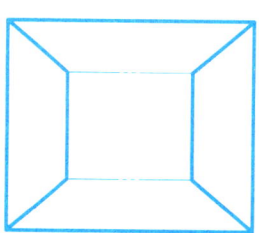

平面立体（五）　　　　　　　　　　　　　　　　　　　　　班级　　　　姓名　　　　学号

3-17 补全带切口五棱台的水平投影，补画侧面投影。

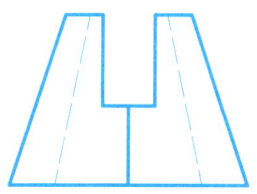
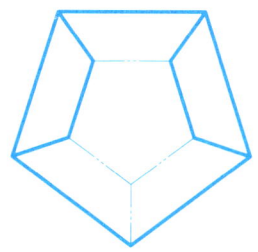

3-18 补全带切口三棱柱的水平投影，补画侧面投影。

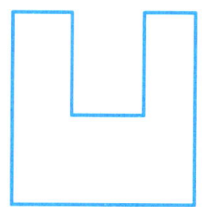
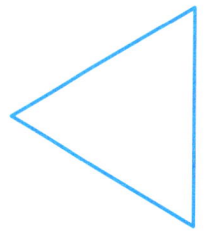

3-19 补全穿孔后四棱柱的水平投影和侧面投影。

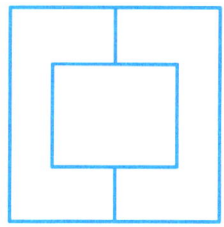

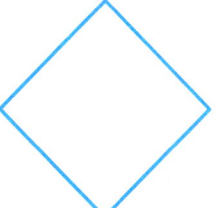

3-20 补全穿孔后三棱柱的水平投影，补画侧面投影。

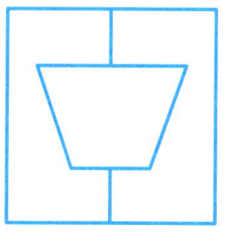
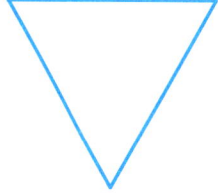

第4章 曲面立体   曲面立体（一）   班级   姓名   学号

4-1 根据基本回转体的形状参数，在给定的位置绘制其三面投影图。

（1）圆柱（φ20，h=40）

（2）圆锥（φ20，h=25）

（3）圆台（φ26，φ16，h=30）

（4）球（Sφ20）

曲面立体（二）　　　　　　　　　　　　　　　　　班级　　　姓名　　　学号

4-2 根据立体的两面投影图补画第三投影，并求出立体表面上点、线的其他投影。

(1)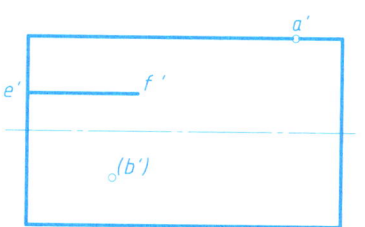

(2)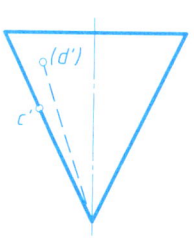
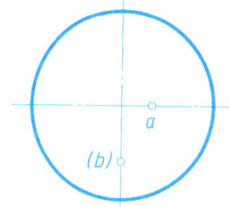

(3)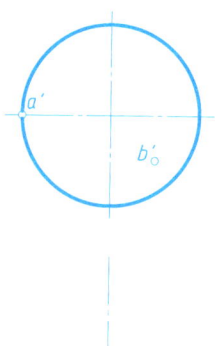

(4)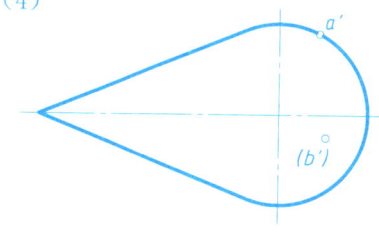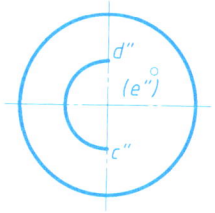

曲面立体（三）　　　　　　　　　　　　　　　　　　　　　班级　　　　姓名　　　　学号

4-3 根据已知投影，完成其他投影。

（1）

（2）

（3）

（4）

曲面立体（四）　　　　　　　　　　　　　　　　　　　　　　班级　　　姓名　　　学号

4-4 根据已知投影，完成其他投影。

(1)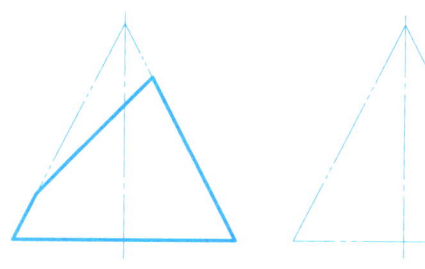

(2)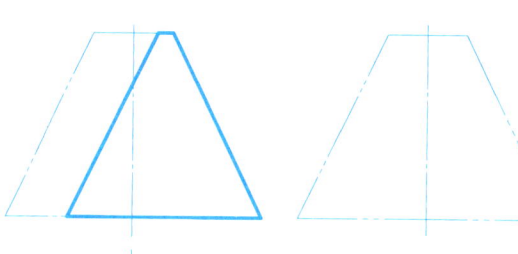

(3)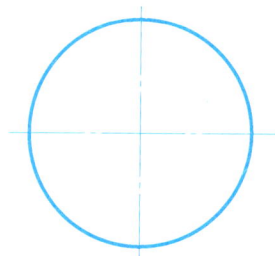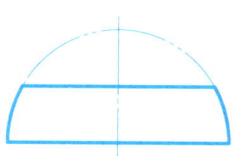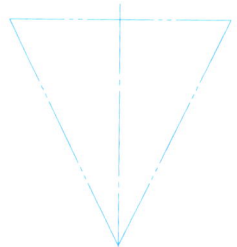

(4)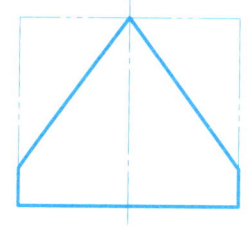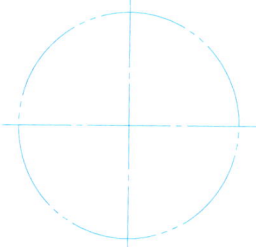

20

曲面立体（五）　　　　　　　　　　　　　　　　　班级　　　姓名　　　学号

4-5 根据已知投影，完成其他投影。

(1)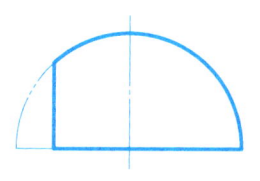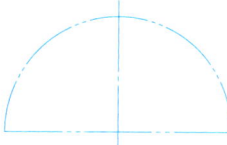

(2)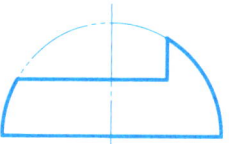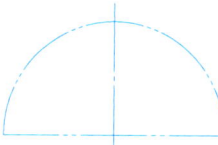

(3)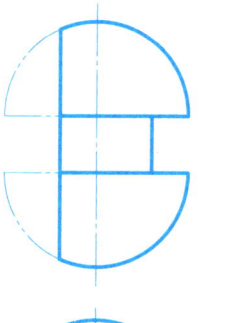

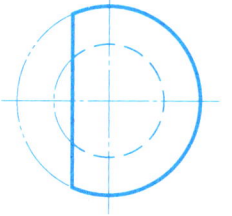

(4)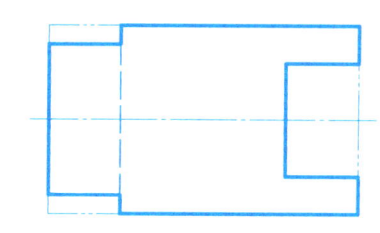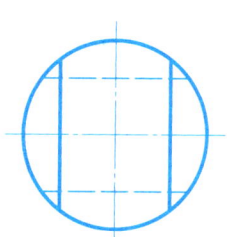

曲面立体（六） 班级　　　姓名　　　学号

4-6 补画相贯线的正面投影。

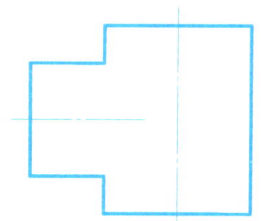
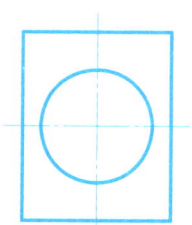

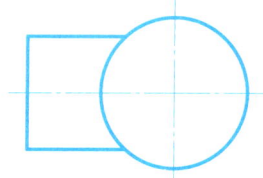

4-8 完成正面投影。

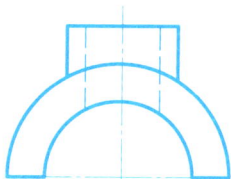

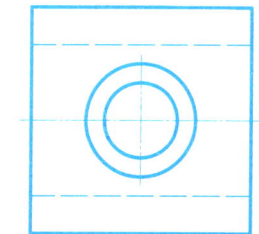

4-7 完成侧面投影。

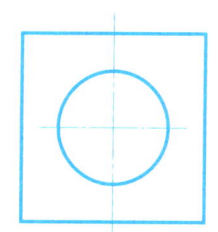

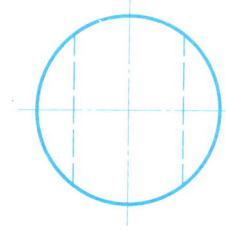

4-9 完成相贯线的正面和水平投影。

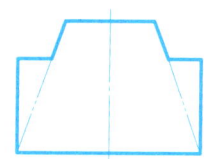
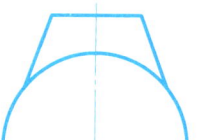

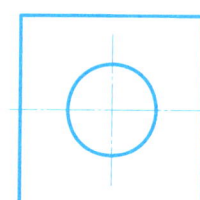

22

曲面立体（七）　　　　　　　　　　　　　　班级　　　　姓名　　　　学号

4-10 根据已知投影，补画第三投影。

(1)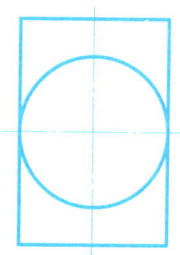

(2)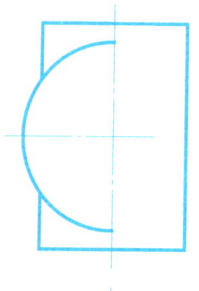

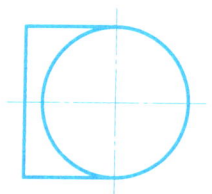

4-11 求相贯线的投影。

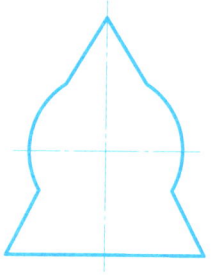 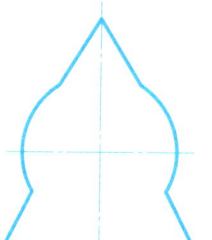

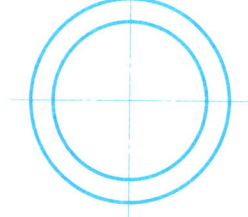

4-12 求相贯线的投影。

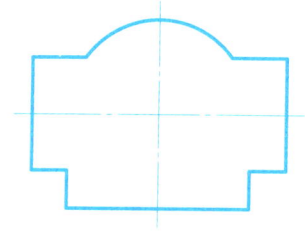 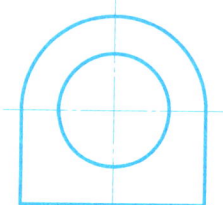

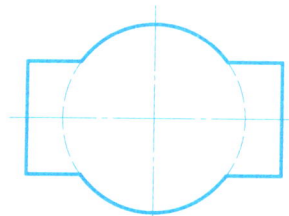

第5章 组合体 组合体（一）

5-1 根据给出的三视图，找出对应的立体图。（在下面的括号内画钩）

组合体（二） 班级 姓名 学号

5-2 根据给出的立体图，找出对应的三视图。（在下面的括号内画钩）

(1)

(2)

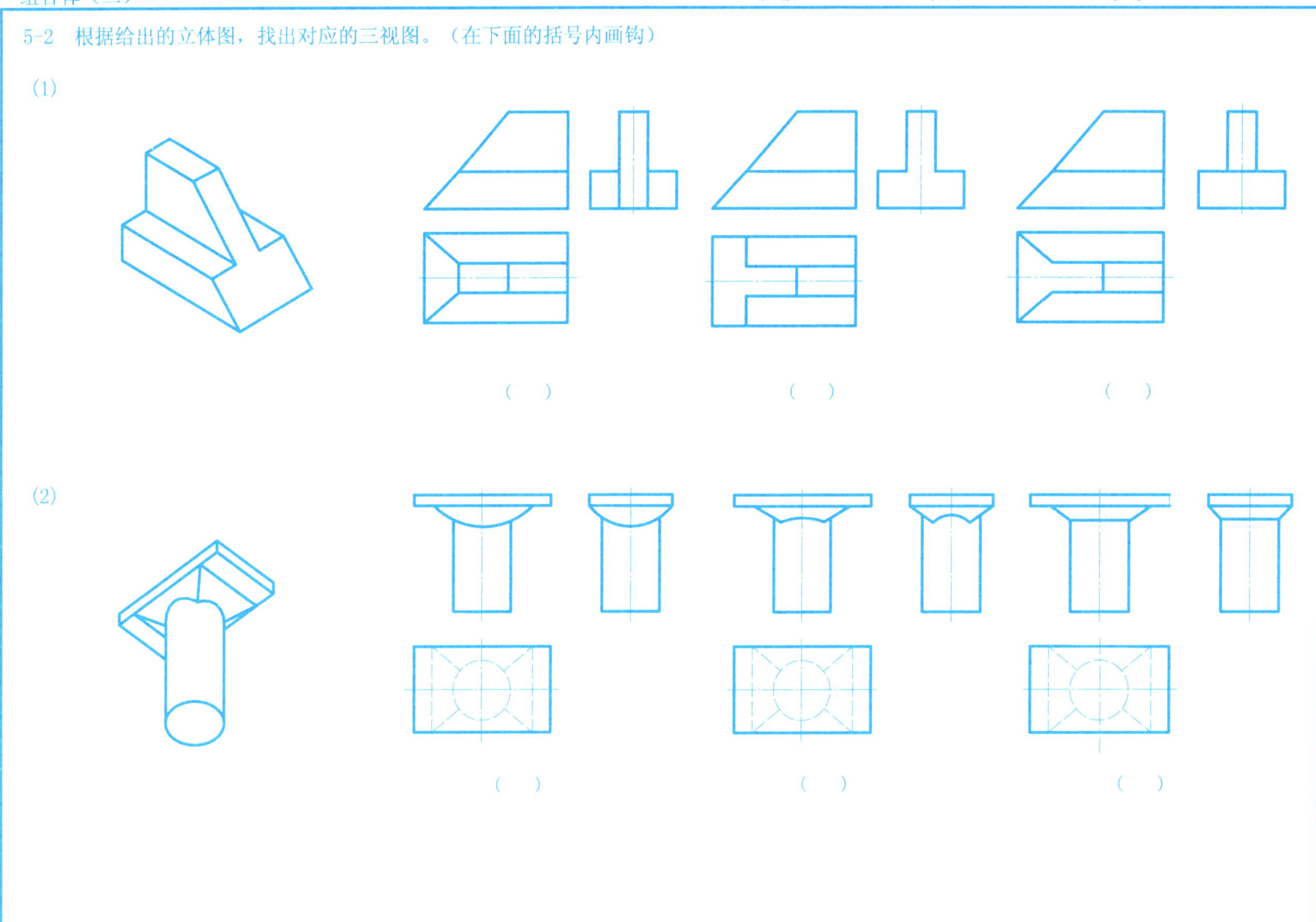

组合体（三）　　　　　　　　　　　　　　　　班级　　　　姓名　　　　学号

5-3　根据立体图，补画投影图中所缺的图线。

(1)
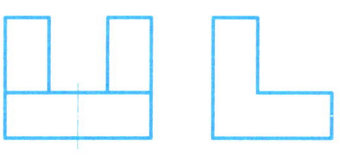

(2)
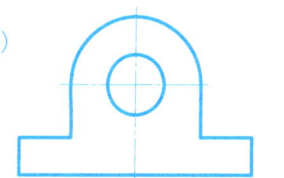

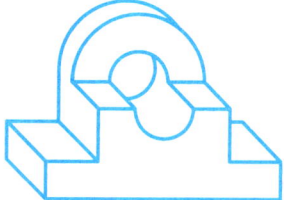

(3)
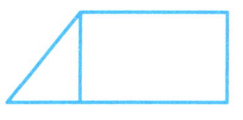

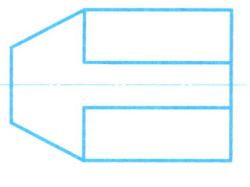
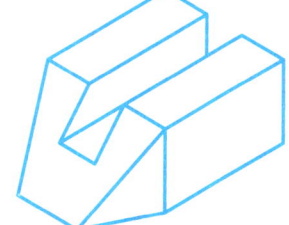

(4)

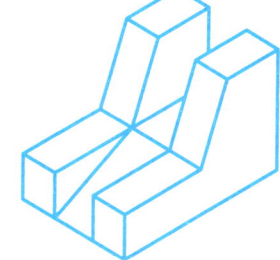

组合体（四) 班级 姓名 学号

(5)

(6)

(7)

(8)

组合体（五）　　　　　　　　　　　　　　　　　　　班级　　　　姓名　　　　学号

5-4 根据立体图，画出三视图（箭头方向为正面投影方向，尺寸从图中按1:1直接量取，取整数）。

(1)

(2)

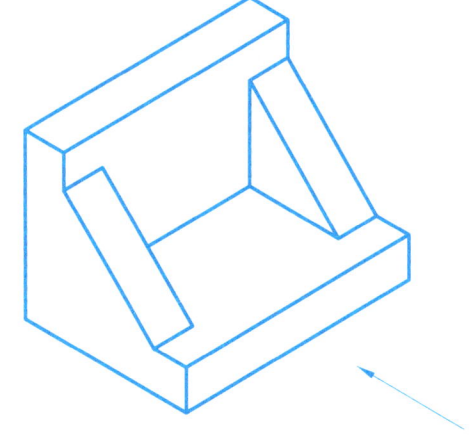

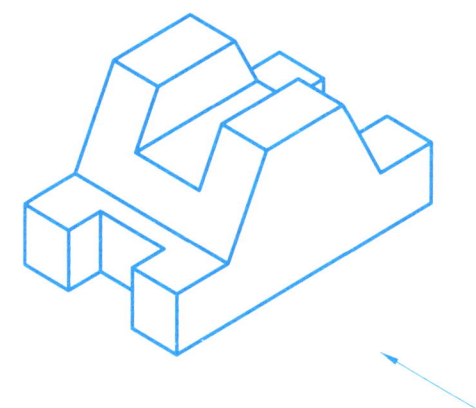

组合体（六）　　　　　　　　　　　　　　　　　　　班级　　　姓名　　　学号

(3)

(4)

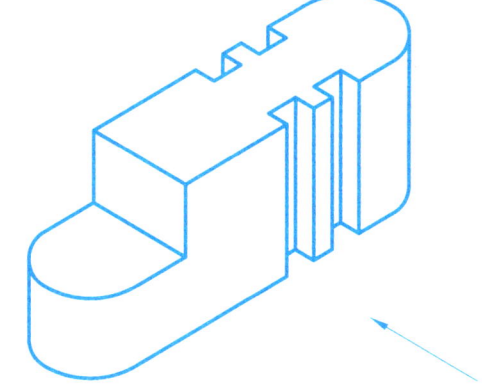

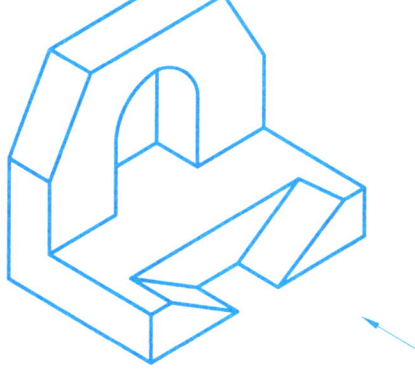

组合体（七）　　　　　　　　　　　　　　　　　　　　班级　　　　姓名　　　　学号

5-5　在A₃图纸上，用适当的比例，绘制图示物体的三视图，箭头表示正投影方向。

(1)　　　　　　　　　　　　　　　　　　　　　　　　(2)

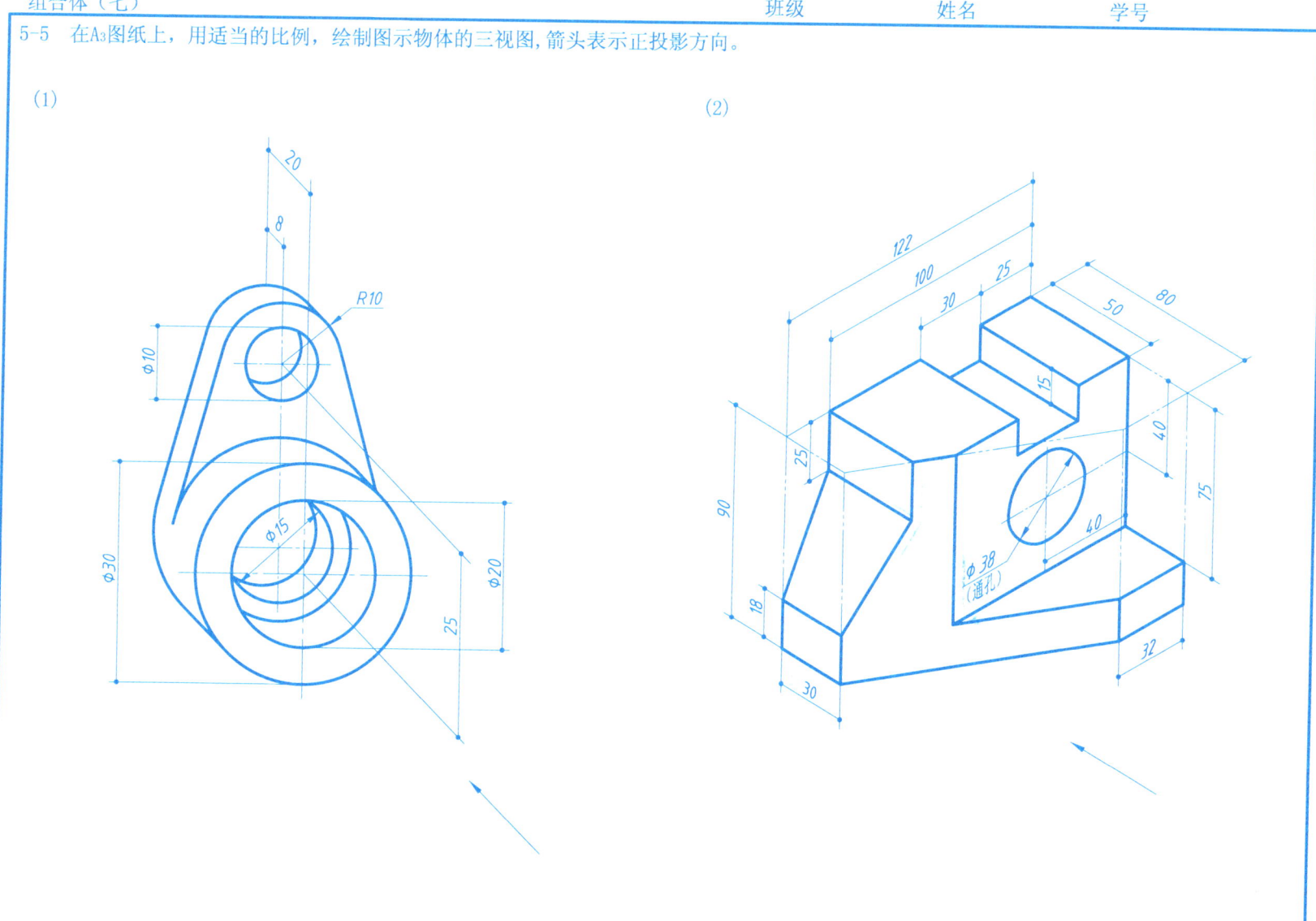

组合体（八）　　　　　　　　　　　　班级　　　姓名　　　学号

(*3)　　　　　　　　　　　　　　　(*4)

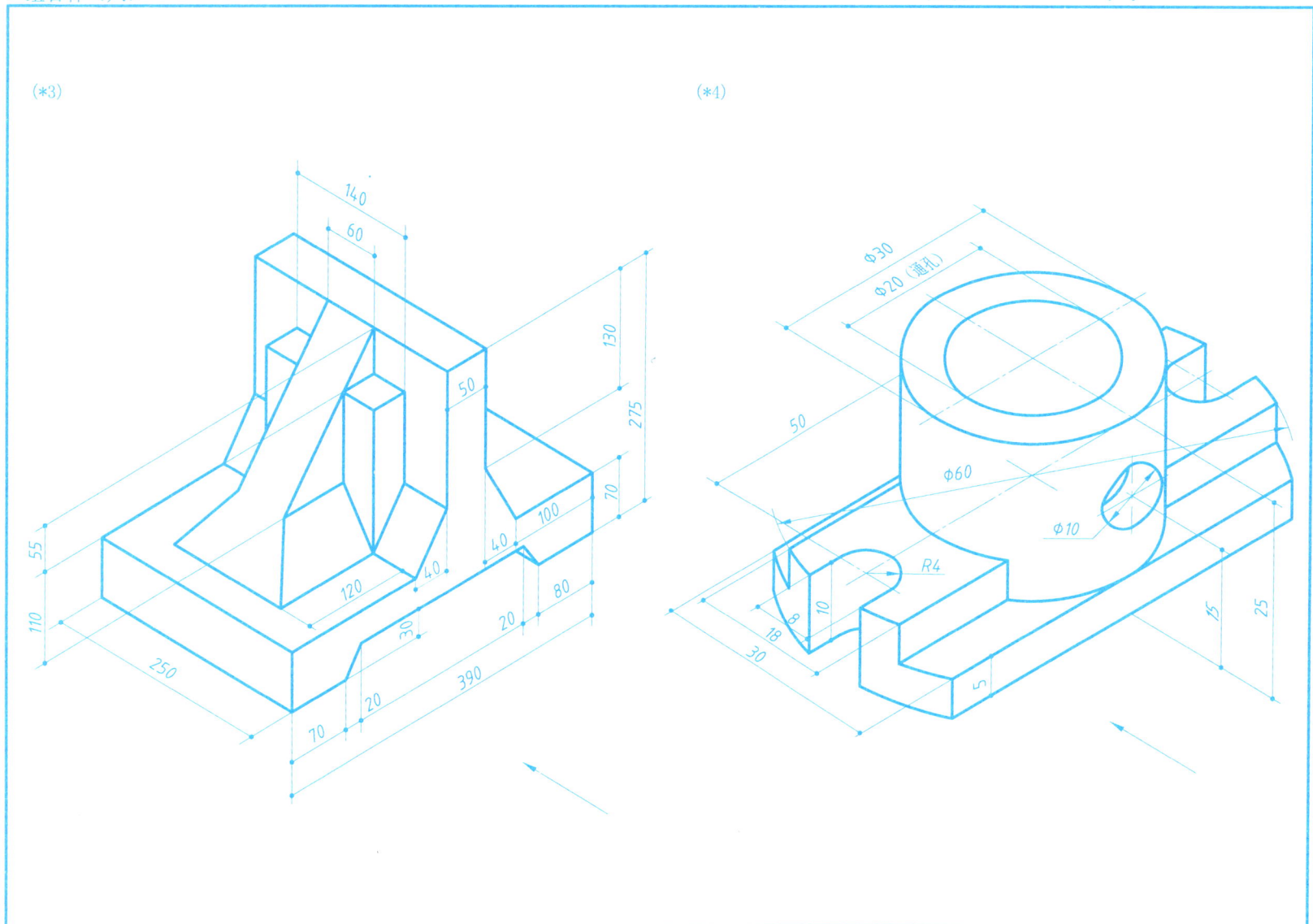

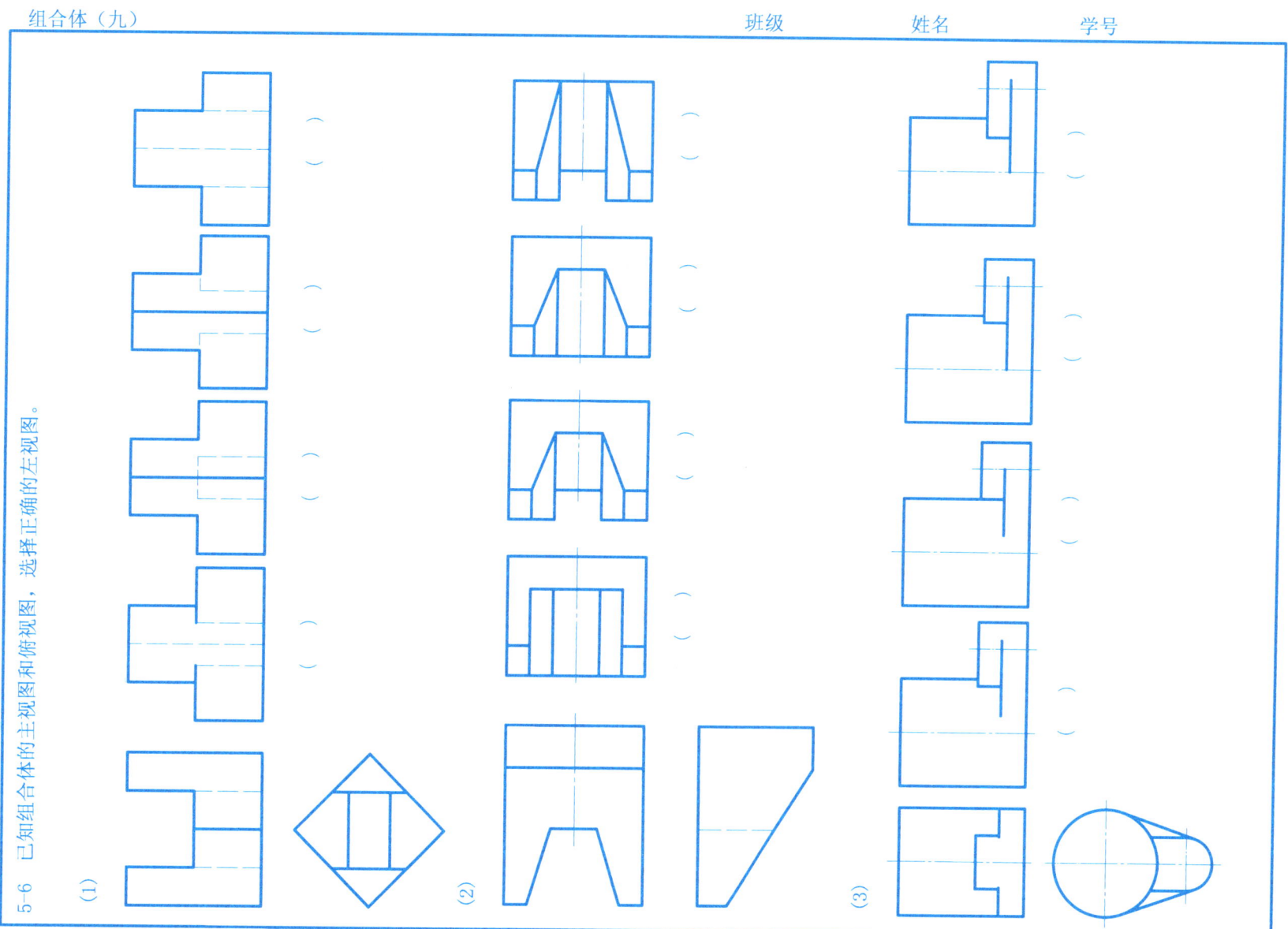

组合体（十） 班级 姓名 学号

5-7 运用形体分析法，想象出组合体的形状，然后画出第三投影。

(1)
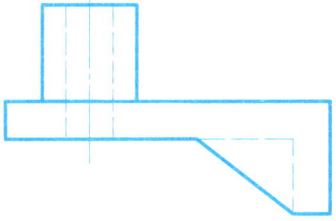
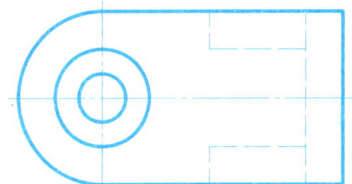

(2)
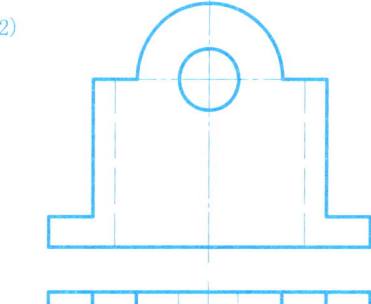

(3)
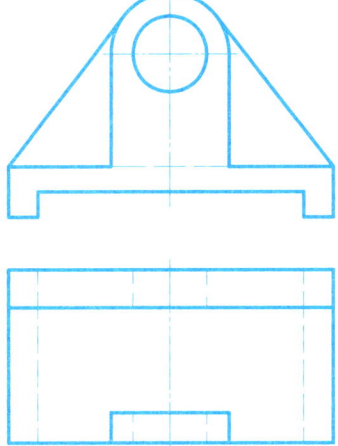

(4)
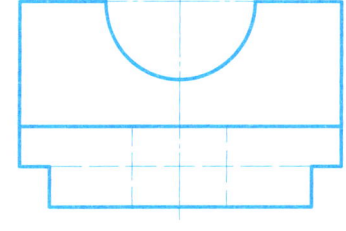
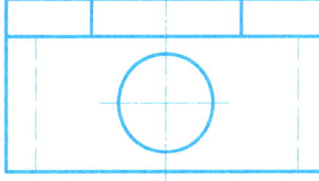

组合体（十一） 班级 姓名 学号

(5)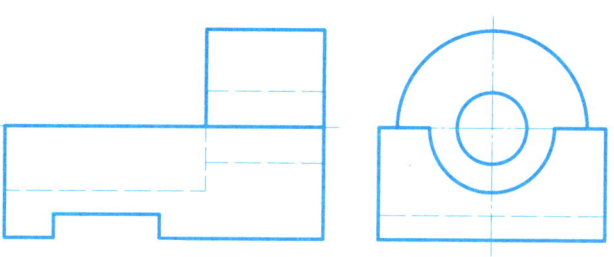

(6)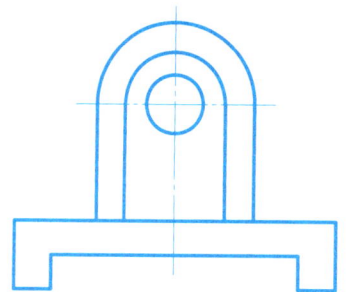

(7)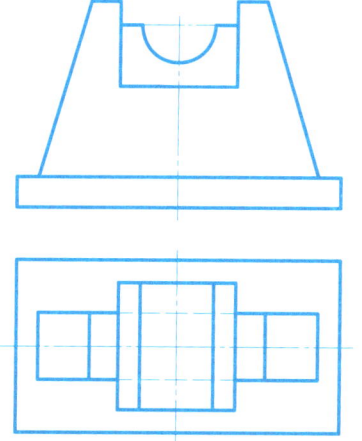

(8)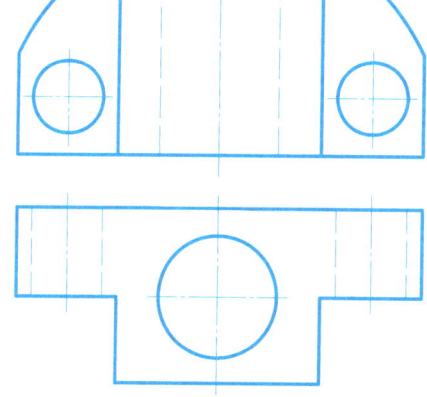

组合体（十二）　　　　　　　　　　　　　　　　　班级　　　姓名　　　学号

5-8　运用形体分析法，想象出组合体的形状，然后画出第三投影。

(1)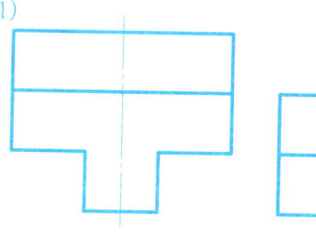

(2)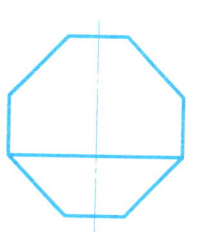

(3)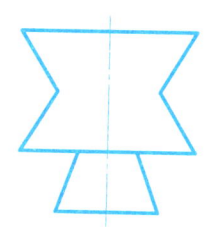

(4)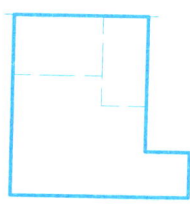

(5)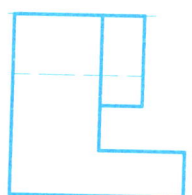

(6)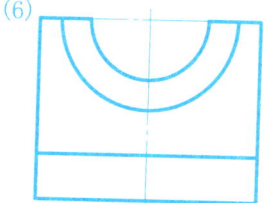

组合体（十三）　　　　　　　　　　　　　　　　　　　　班级　　　姓名　　　学号

(7)

(8)

(9)

(10)

36

组合体（十四）　　　　　班级　　姓名　　学号

(*11)　(*12)

37

组合体（十五） 班级 姓名 学号

5-9 运用形体分析法，想象出组合体的形状，然后画出左视图。

(1)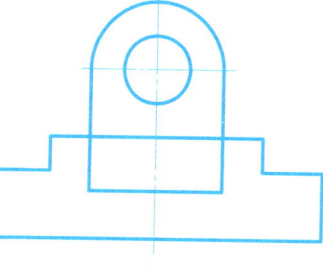

(2)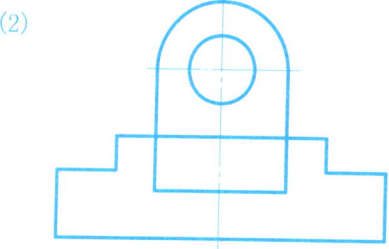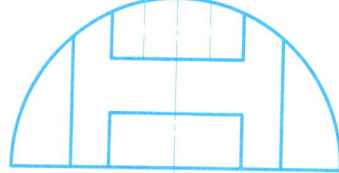

(*3)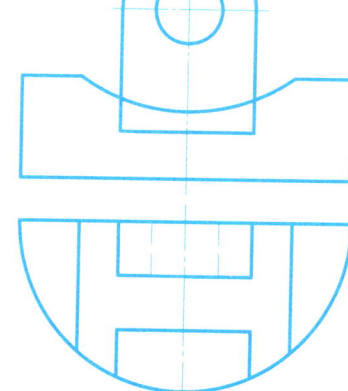

(*4)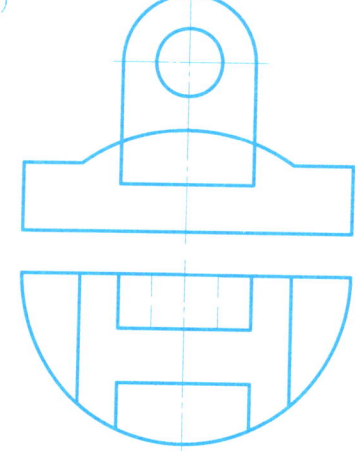

38

组合体（十六） 班级 姓名 学号

5-11 标注下列组合体的尺寸。（尺寸大小从图中按1:1量取，取整数）

(1)

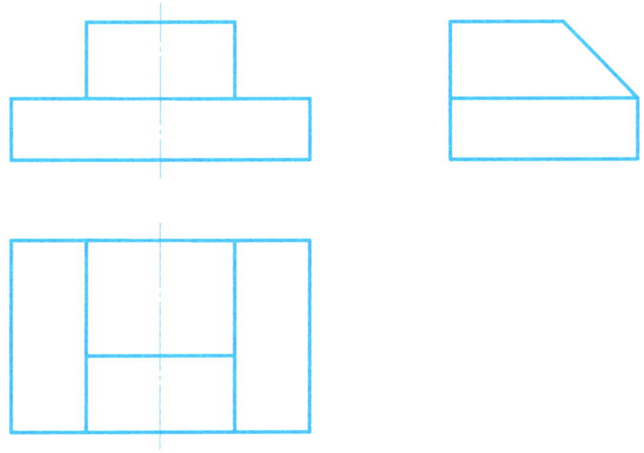

(2)

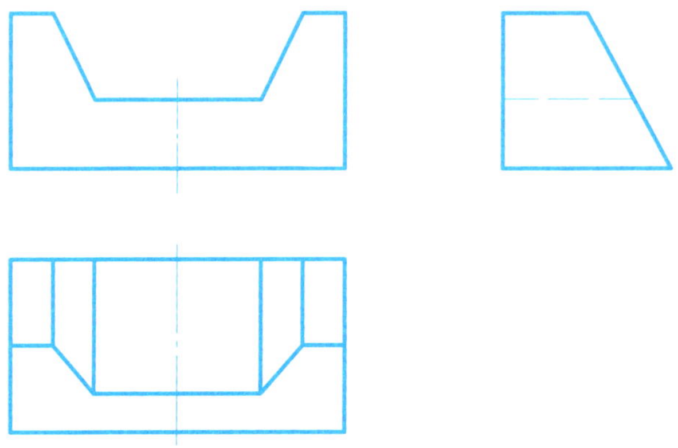

(3)

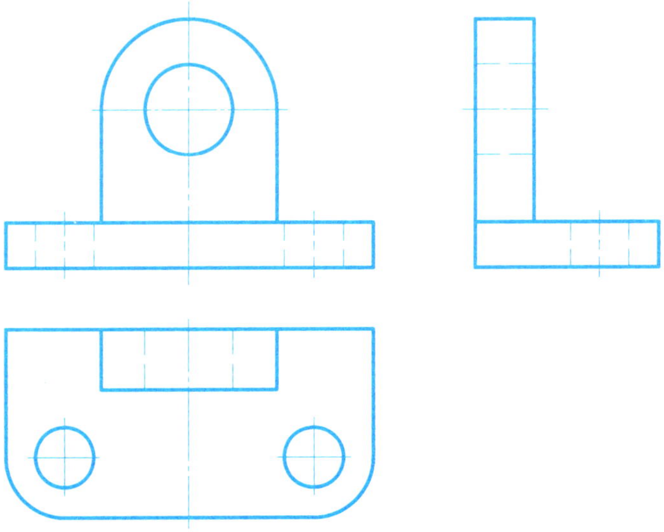

(4)

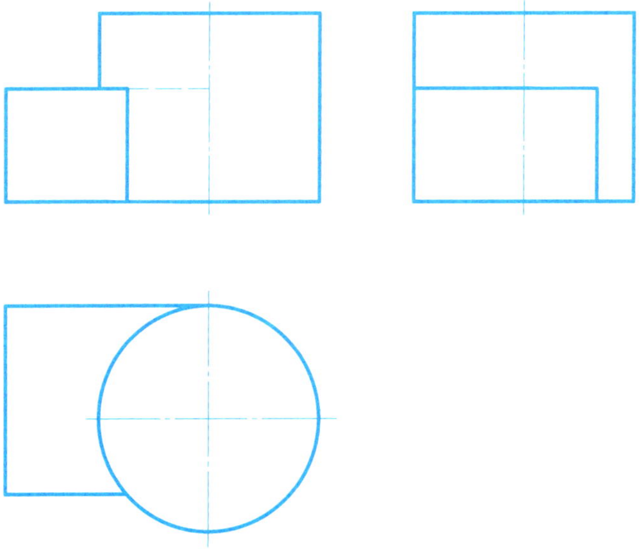

组合体（十七）　　　　　　　　　　　　　　　　　班级　　　　姓名　　　　学号

(5)

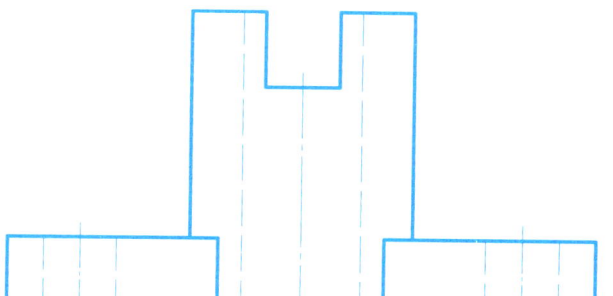

(6)

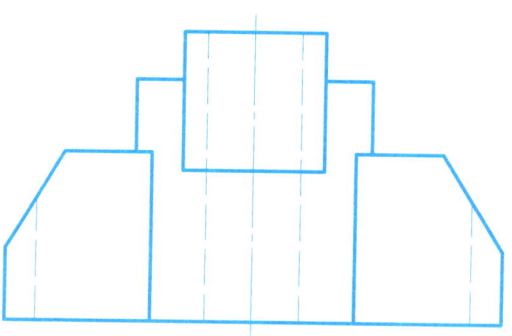

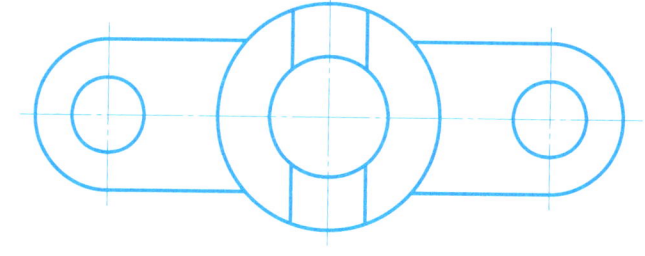

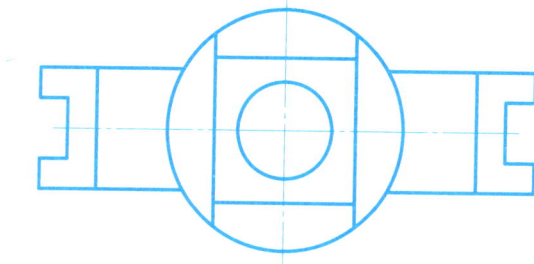

组合体（十八）　　　　　　　　　　班级　　　　姓名　　　　学号

5-12 自选两种基本体，构造出四种以上的组合体，绘制出其三视图。

组合体（十九）　　　　　　　　　　　　　　　班级　　　　姓名　　　　学号

5-13 根据已知的一个视图构造出四个组合体，并绘制出其他两个视图。

(1)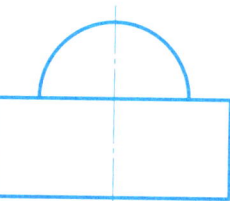

(2)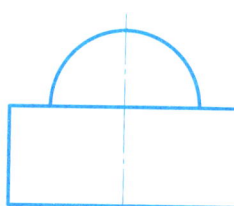

(3)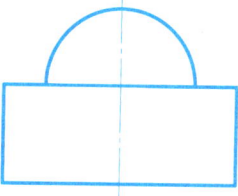

(4)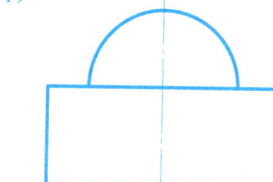

组合体（二十）　　　　　　　　　　　　　　班级　　　　姓名　　　　学号

5-14 根据主视图和俯视图，构造四个组合体，并绘制左视图。

(1)

(2)

(3)

(4)

组合体（二十一） 班级 姓名 学号

5-15 构造一个组合体，要求至少包含三个基本体并带有斜面和通孔（或槽），绘制出其三视图。

第6章 轴测投影　　轴测投影（一）

6-1 画出下列物体的正等轴测图。

（1）
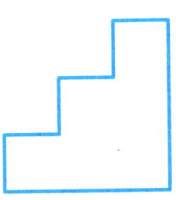

（2）

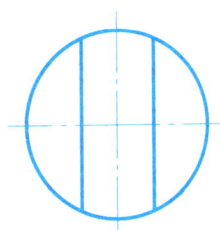

（3）
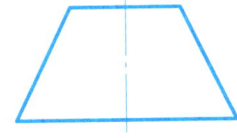
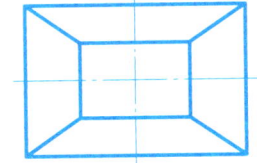

（4）
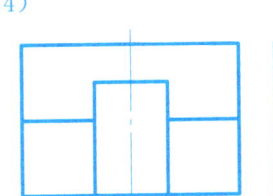
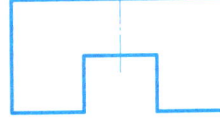

轴测投影（二）　　　　　　　　　　　　　　　　　　　　　　　班级　　　　姓名　　　　学号

6-2 画出下列物体的正等轴测图。

(1)

(2)

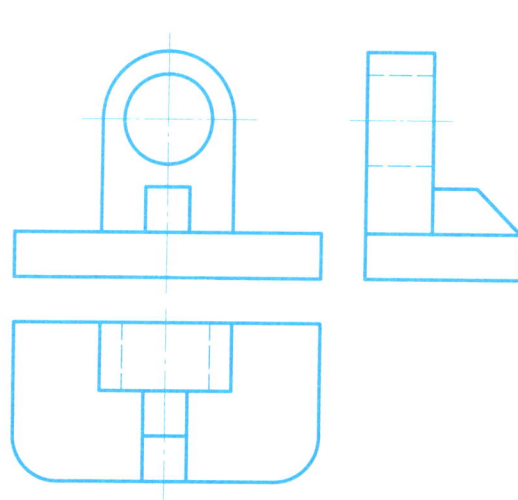

轴测投影（三）　　　　　　　　　　　　　　　　　　　　　班级　　　　姓名　　　　学号

6-3 画出物体的正等轴测图。

6-4 画出物体的正面斜二轴测图。

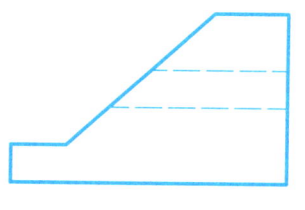
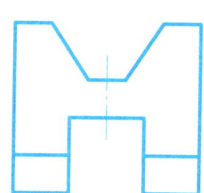
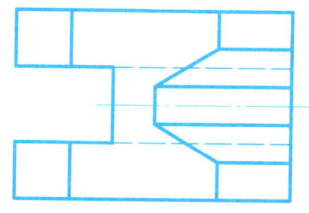
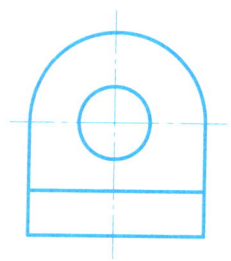
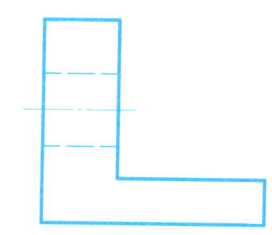

轴测投影（四）　　　　　　　　　　　　　　　　　　　　　　　　　　班级　　　　姓名　　　　学号

6-5 画出物体的正面斜二轴测图。

6-6 画出物体的水平斜等轴测图。

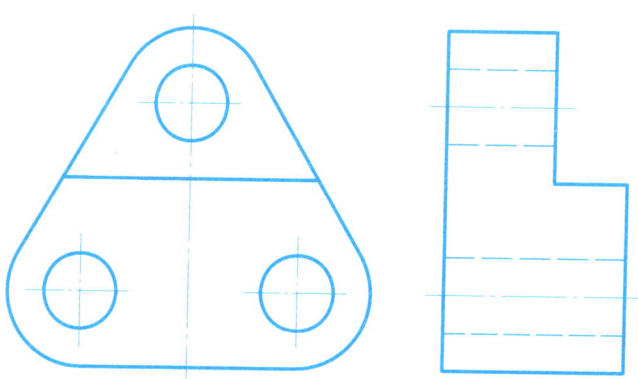
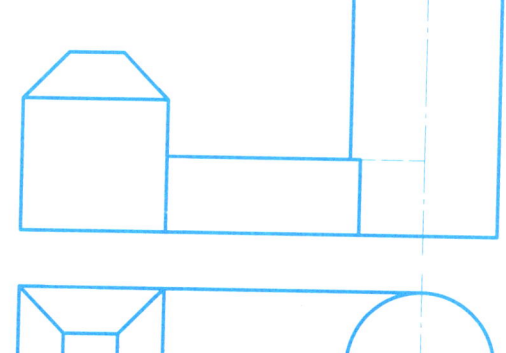

48

第7章 图样画法　图样画法（一）

7-1 根据给出的三视图，补画右视图、仰视图和后视图。

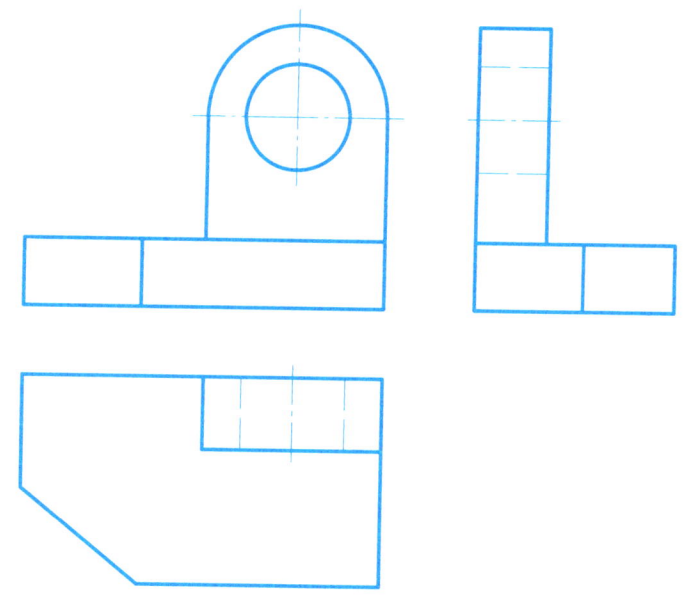

图样画法（二）　　　　　　　　　　班级　　　　姓名　　　　学号

7-2 在给定的位置，将主视图改为全剖视图。

(1)

(2)

50

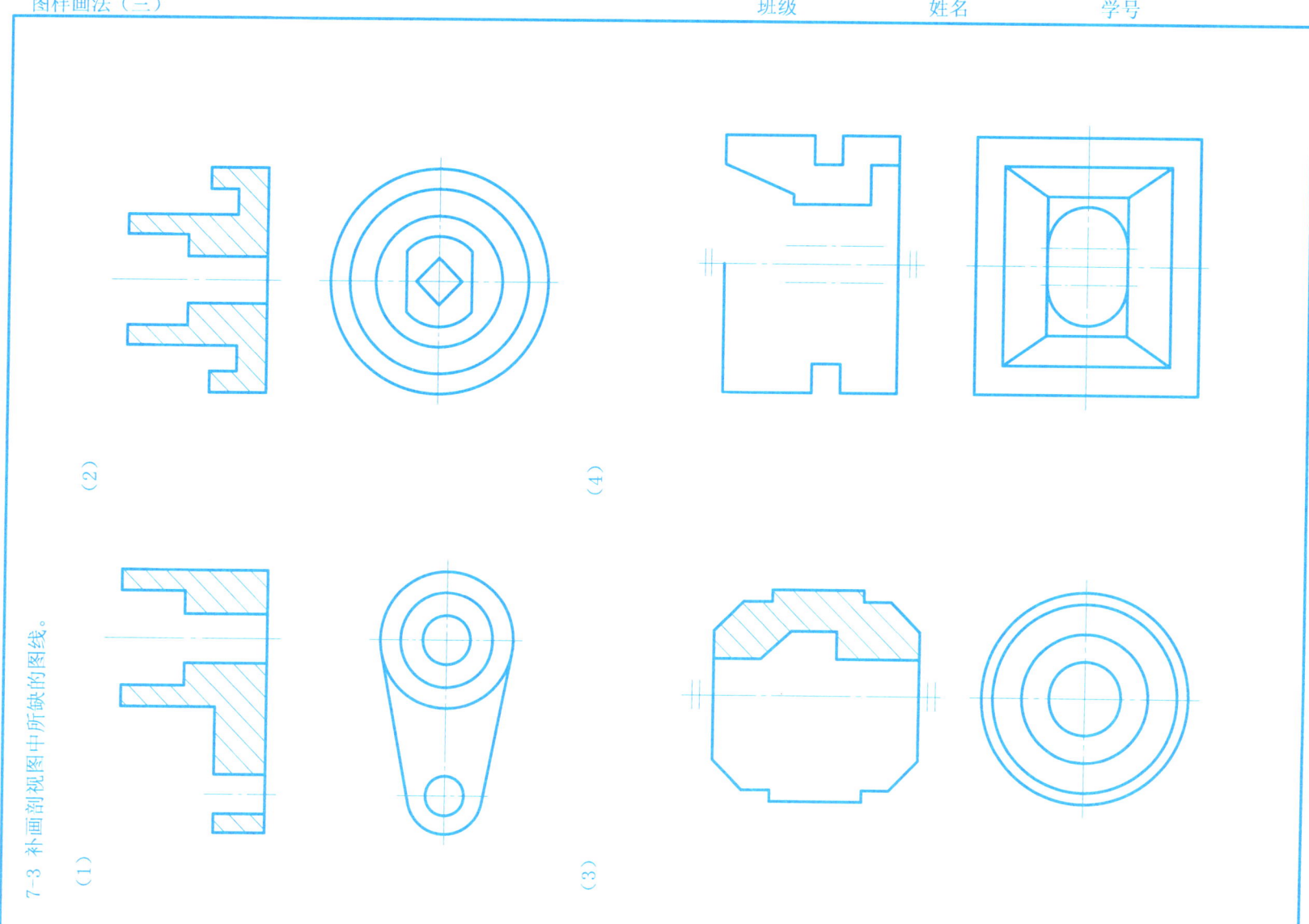

图样画法（四）   班级   姓名   学号

图样画法（五） 班级　　　姓名　　　学号

7-4 在给定的位置，将主视图改为全剖视图。

(1)

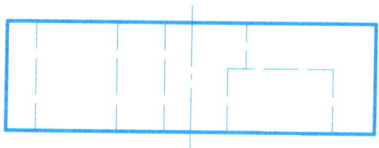

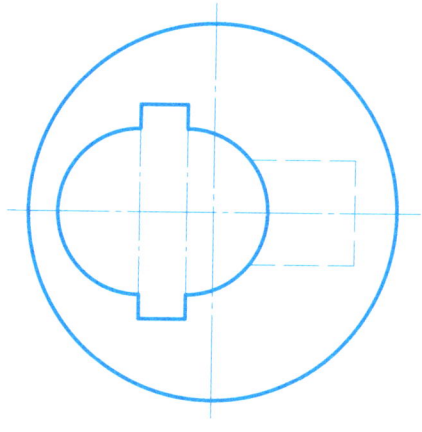

(2)

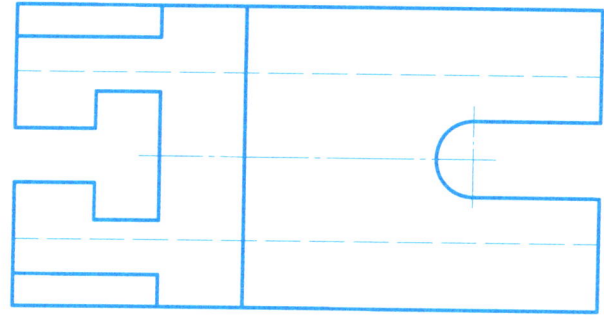

图样画法（六）　　　　　　　　　　　　　　　　　　　　　　班级　　　　姓名　　　　学号

7-5 在给定的位置，将主视图改为半剖视图，并画出全剖视的左视图。　　　　　7-6 在给定的位置，将主视图改为局部剖视图。

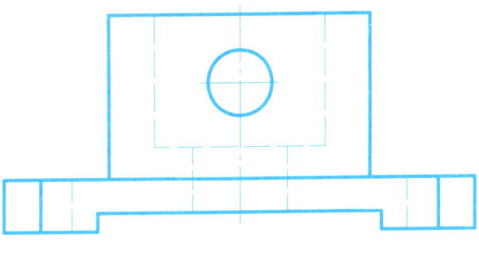

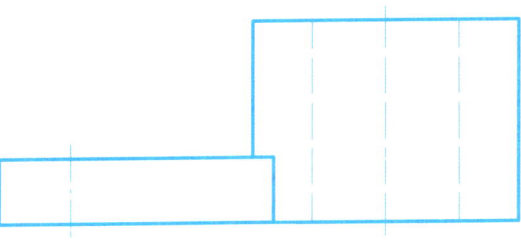

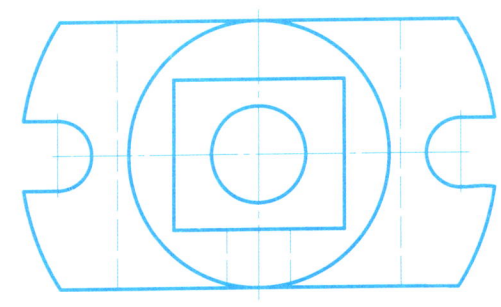

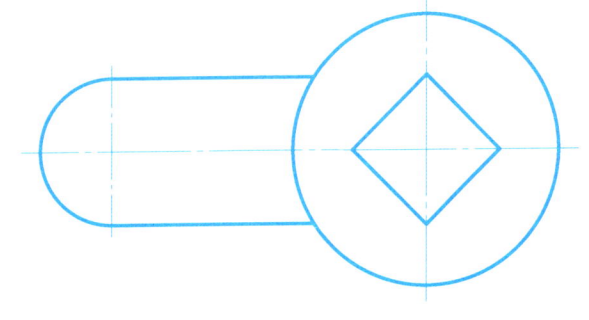

54

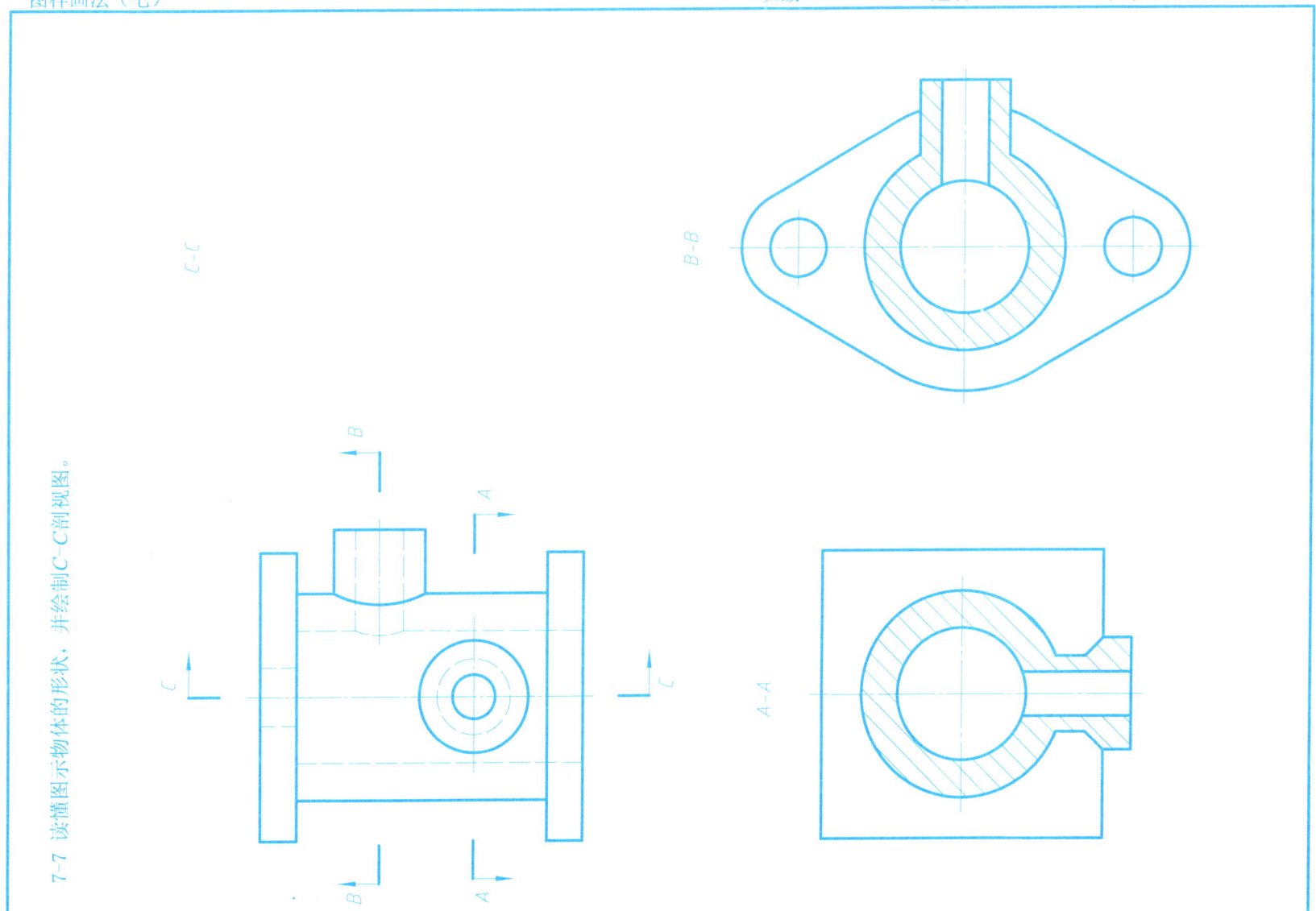

图样画法（八）　　　　　　　　　　　　班级　　　　姓名　　　　学号

7-8 根据图示的剖切位置绘制 A—A 剖视图。

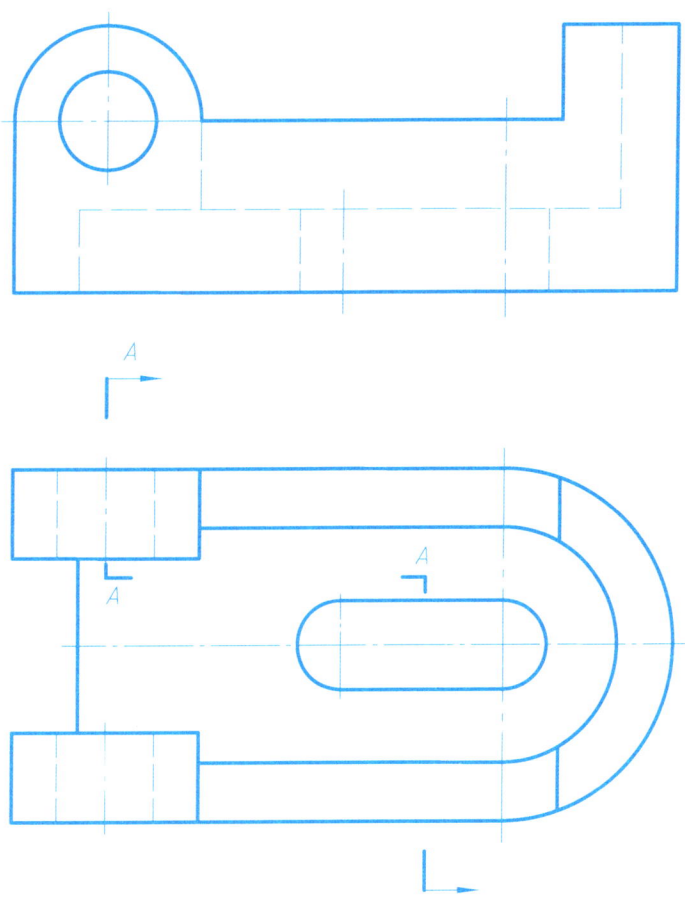

56

图样画法（九）　　　　　　　　　　　　　　　班级　　　姓名　　　学号

7-9 在指定的位置绘制 *A-A* 剖视图和 *B-B* 断面图。

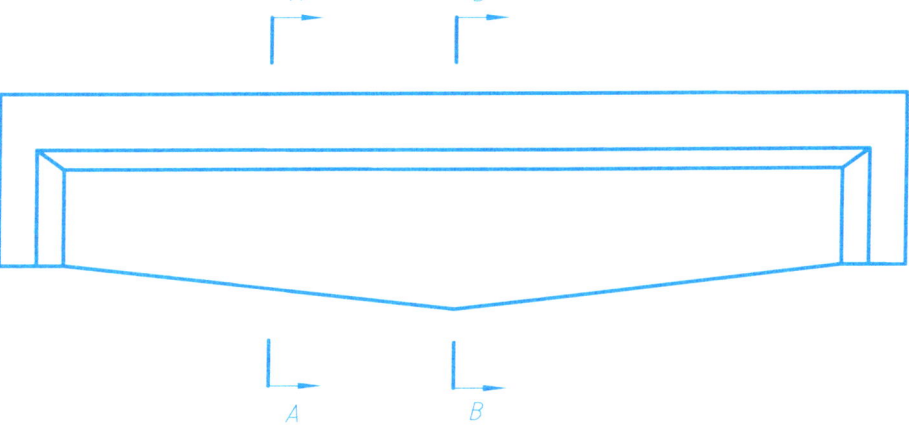
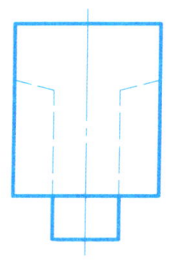

A-A　　　　　　　　　　　*B-B*

图样画法（十） 班级 姓名 学号

7-10 在A4图纸上，用1:1的比例绘制图示物体的三视图，要求将主、左视图绘制成适当的剖视图，并标注尺寸。

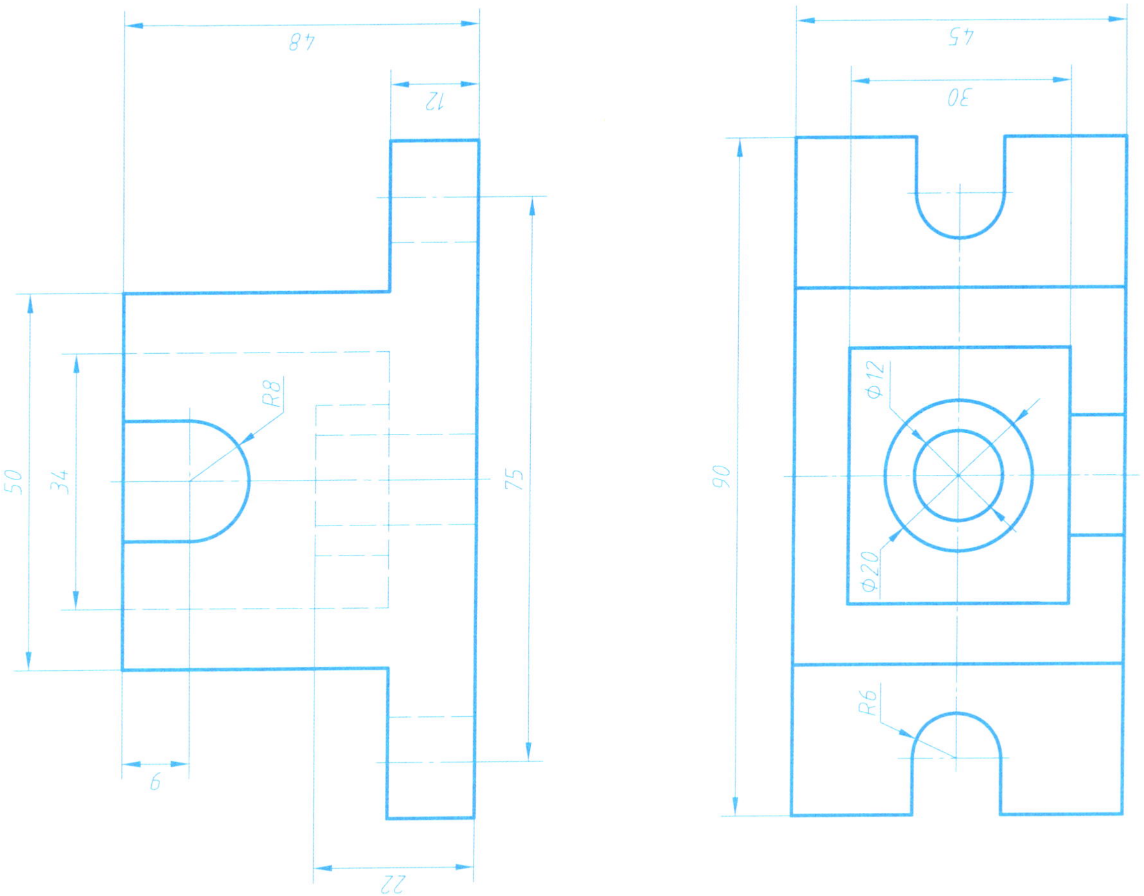

图样画法（十一）　　　　　　　　　　　　　　　　　班级　　　姓名　　　学号

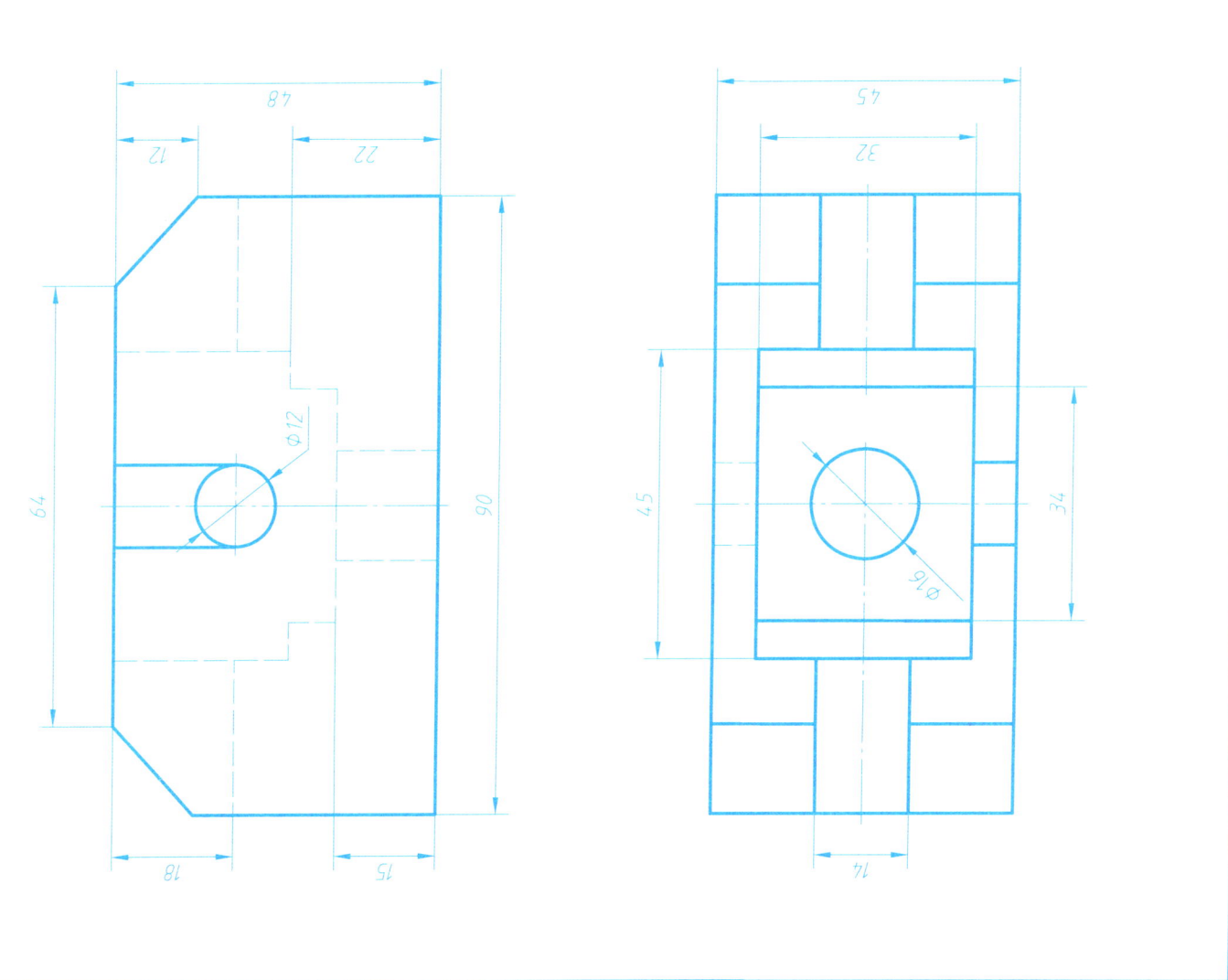

7-11 在A4图纸上，用1∶1的比例绘制图示物体的三视图，要求将主、左视图绘制成适当的剖视图，并标注尺寸。

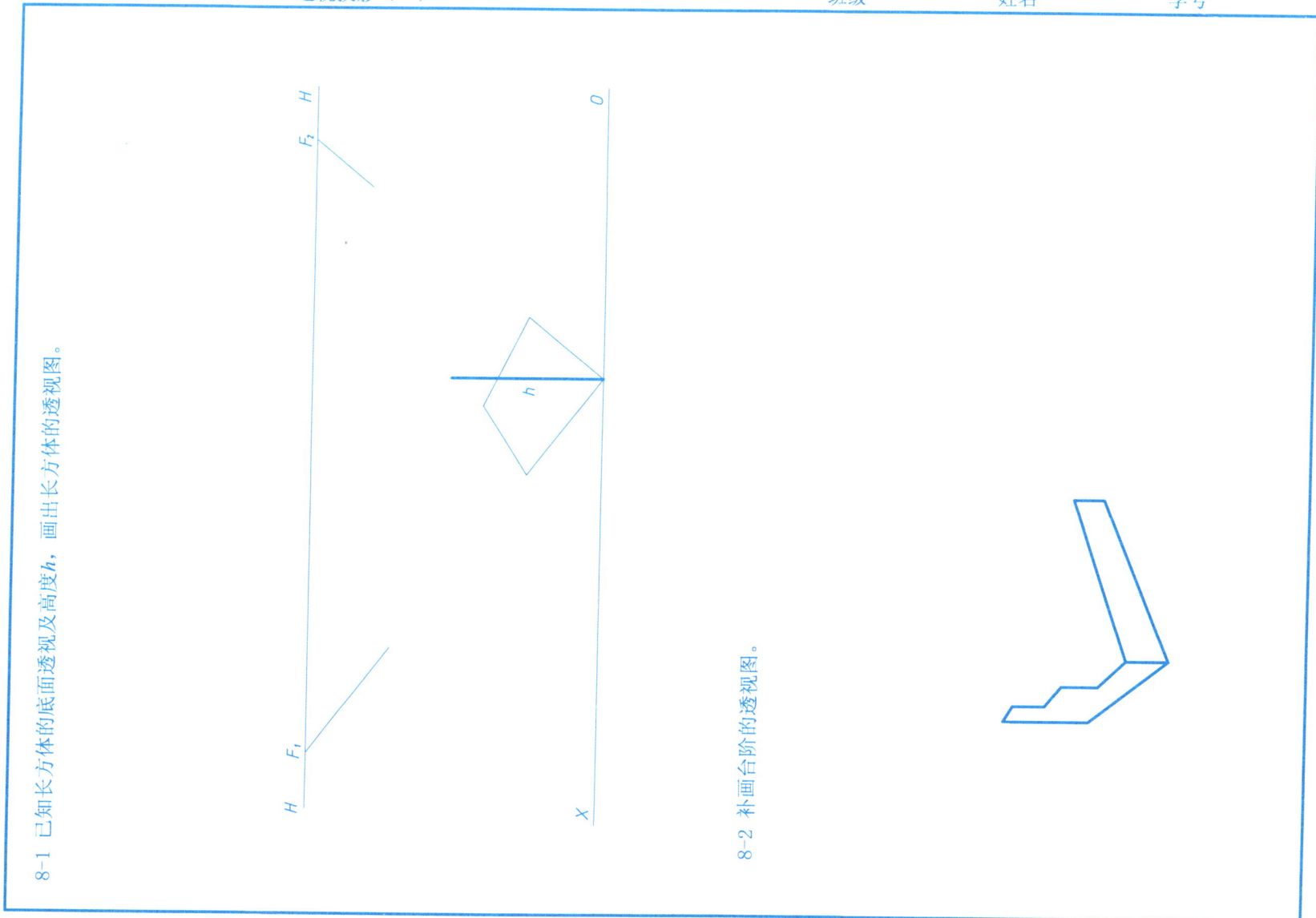

透视投影（二）　　　　　　　　　　　　　　　　　　　班级　　姓名　　学号

8-3 绘制H面上的矩形的透视。

(1)

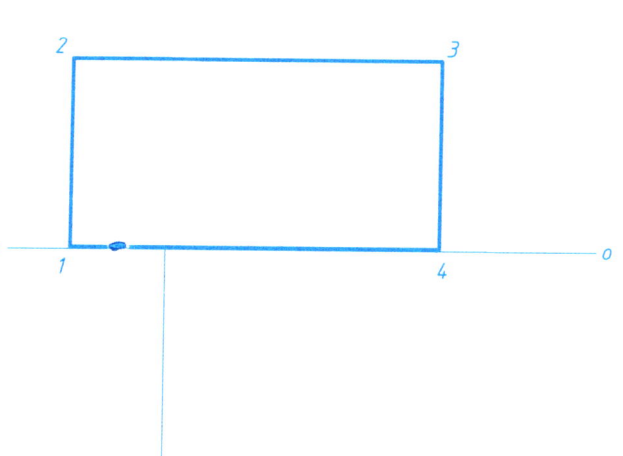

(2)

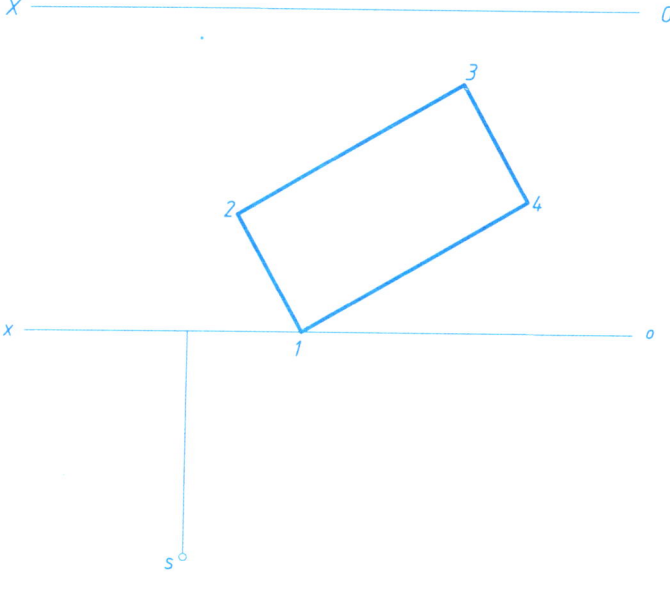

透视投影（三）　　　　　　　　　　　　　　　　　　　　　　　班级　　　　姓名　　　　学号

8-4 根据物体的正投影，按给定条件绘制透视图。

透视投影（四） 班级 姓名 学号

8-5 根据给定条件绘制物体的两点透视。

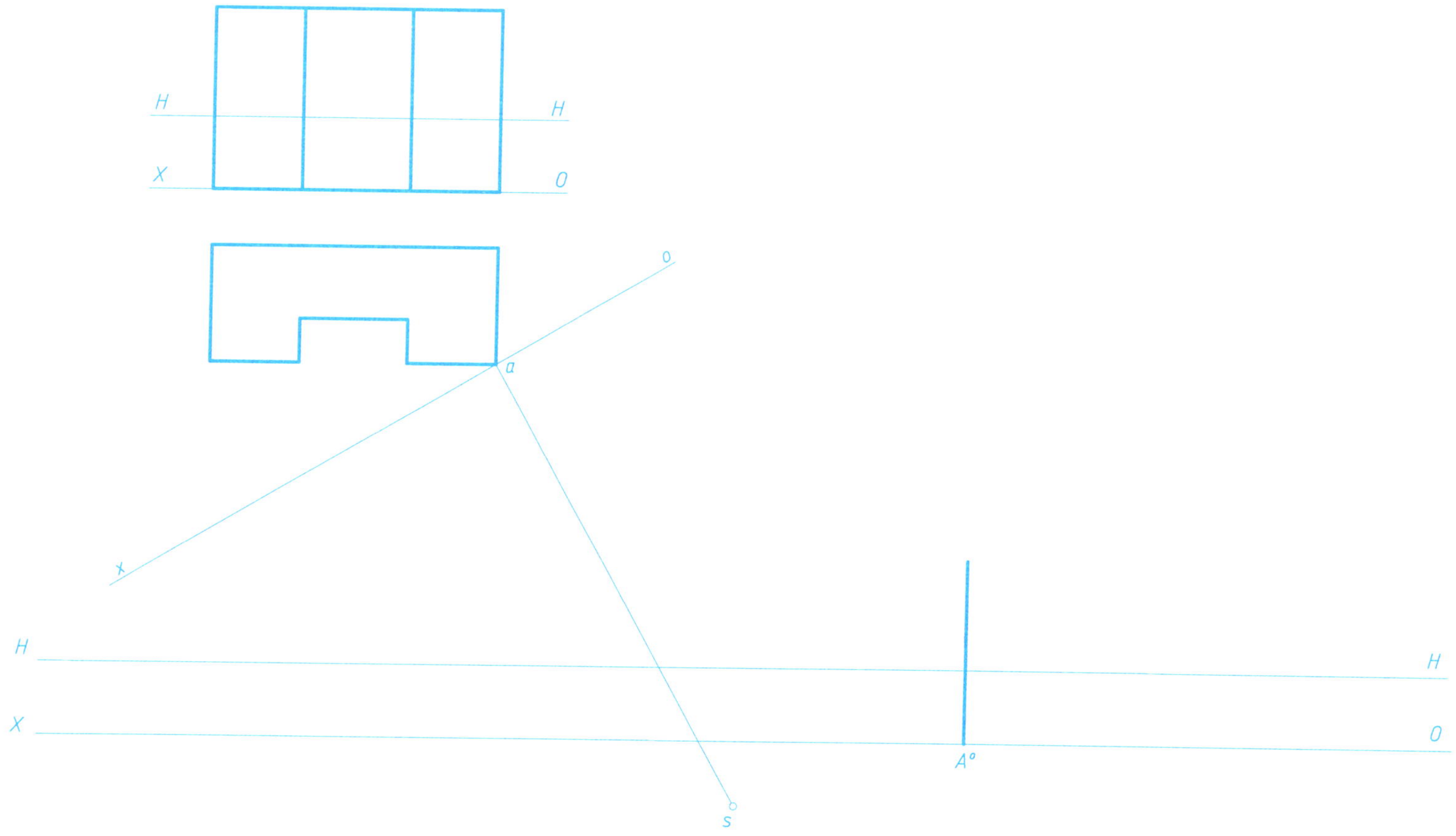

透视投影（五） 班级 姓名 学号

8-6 根据给定条件绘制物体的两点透视。

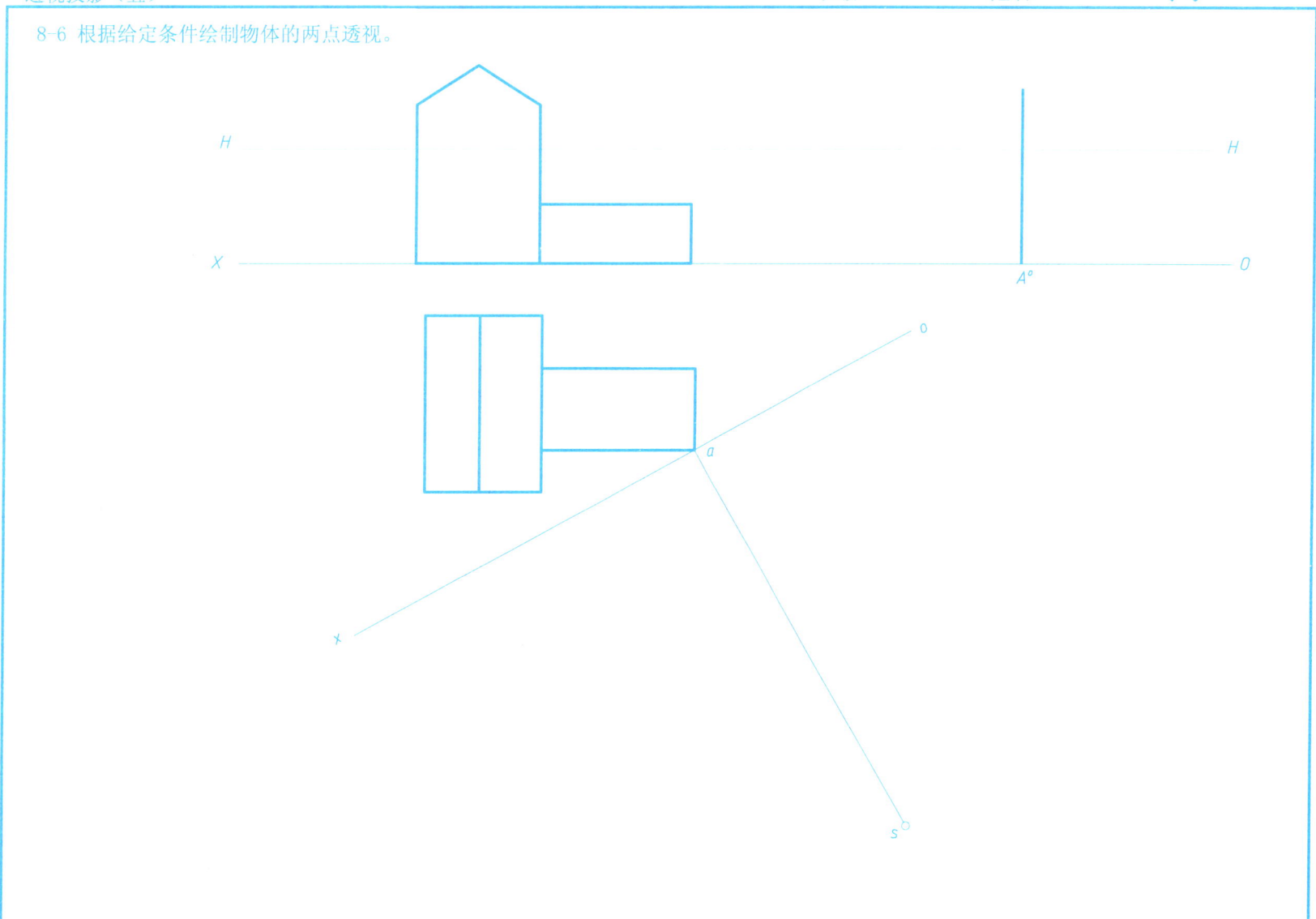

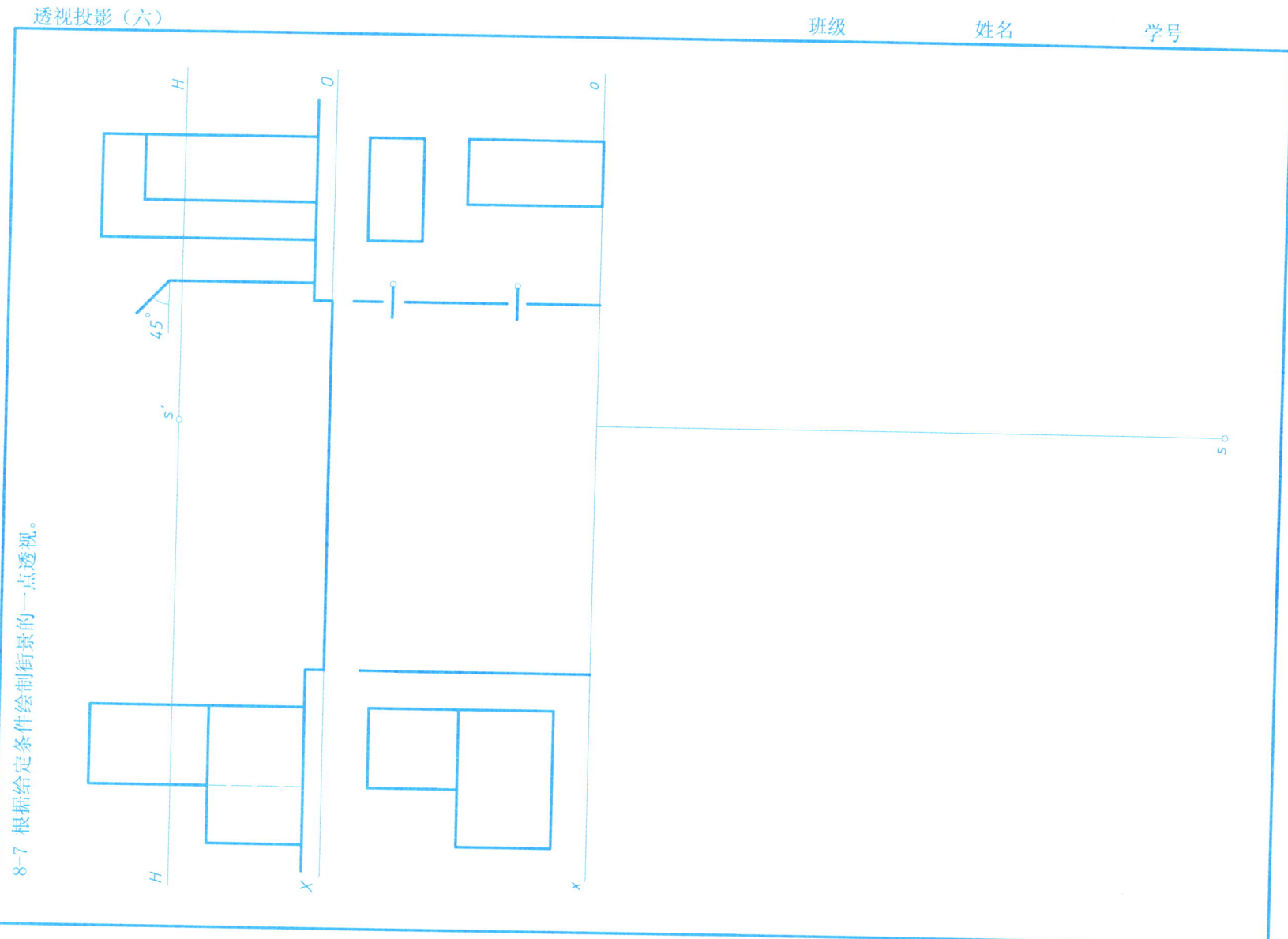

第9章 机械图 机械图（一）

9-1 读主轴零件图，回答问题。
（1）说明该零件图的表达方法。
（2）画出C-C断面图。

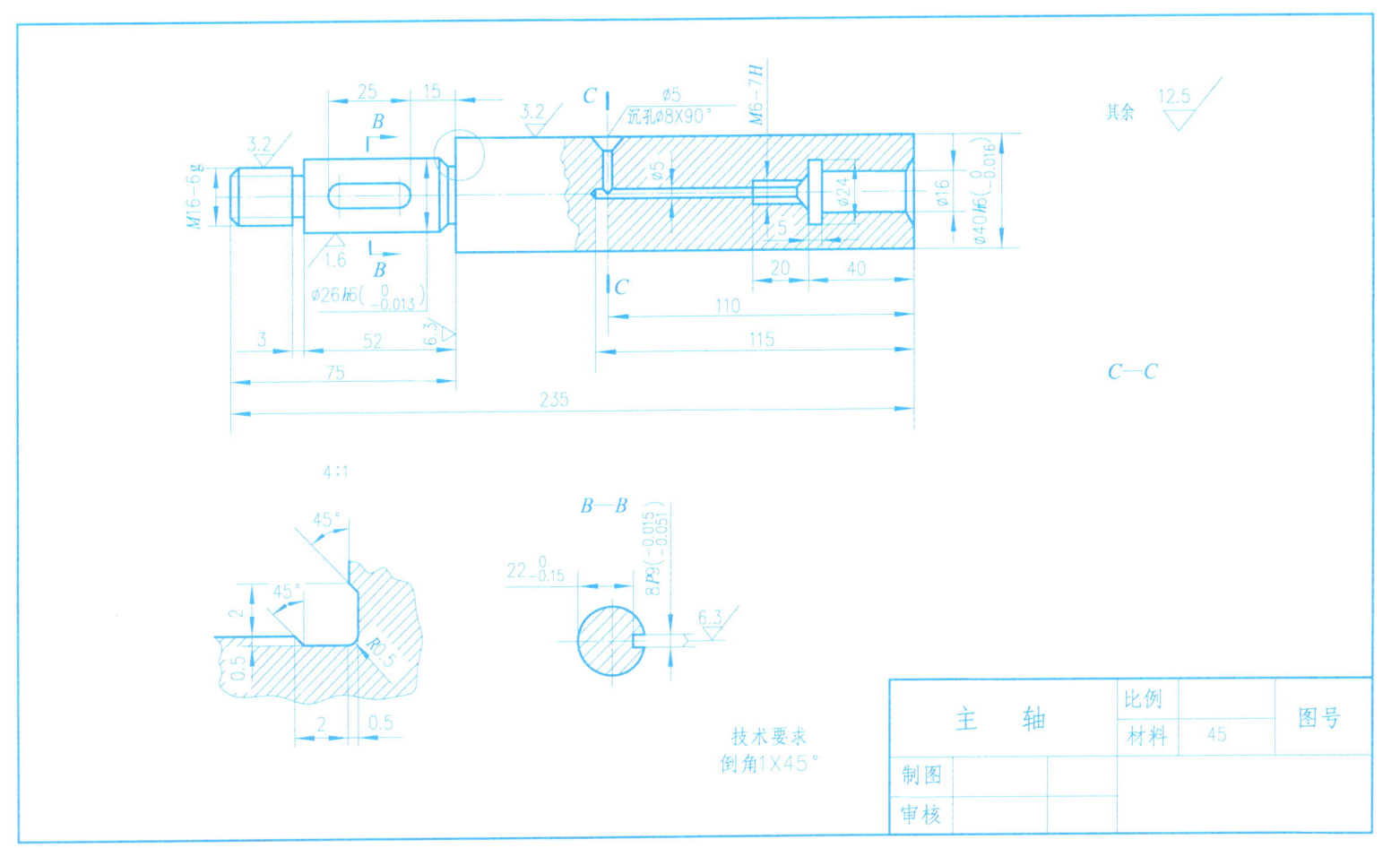

机械图（二）

9-2 读泵体零件图，画出B-B剖视图。

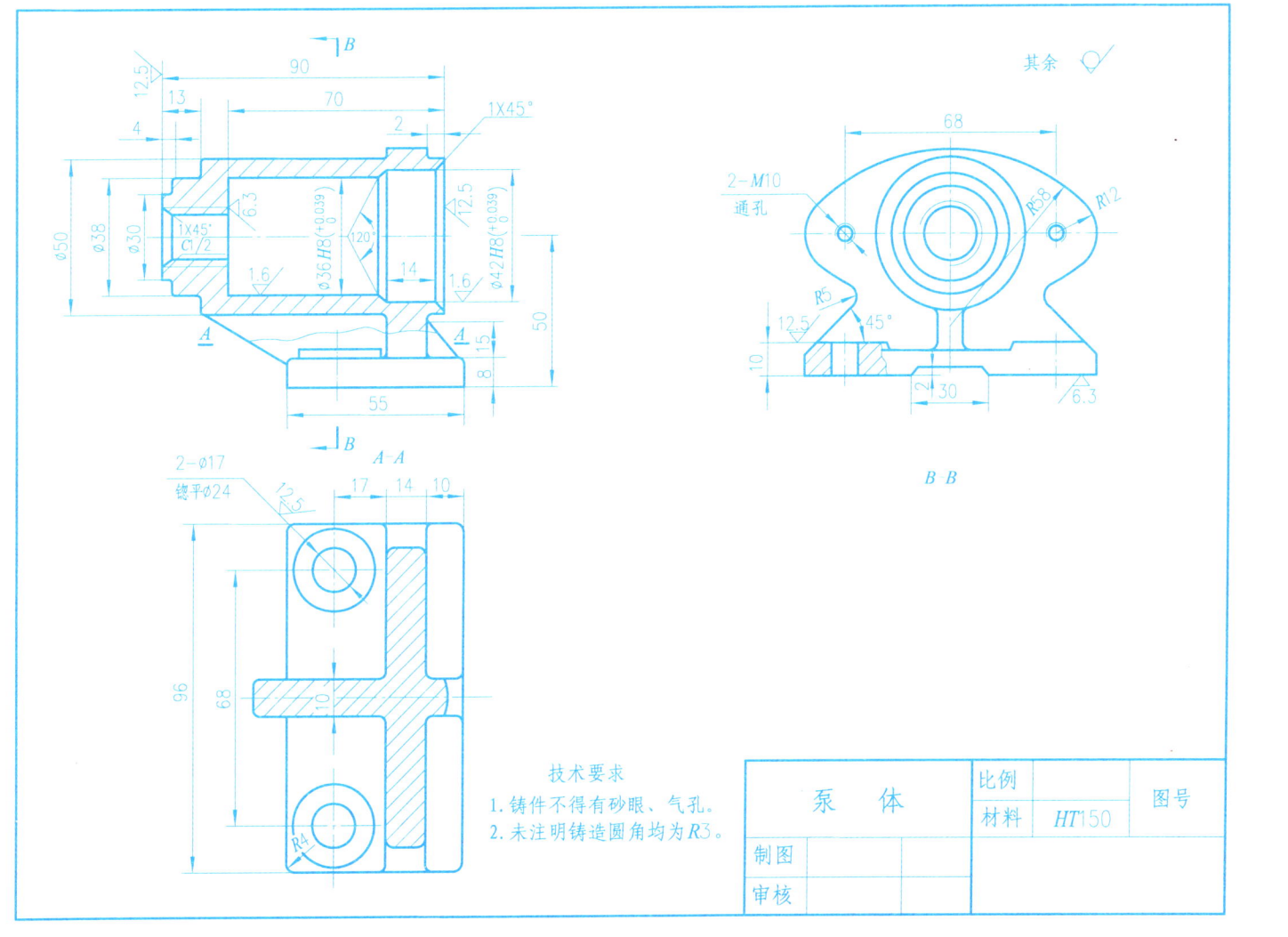

机械图（三）　　　　　　　　　　　　　　　　　　班级　　　姓名　　　学号

9-3 读支架零件图，回答问题。
(1) 表达该零件所用的一组视图分别是_____、_____、_____。
(2) 支架板厚为____mm。
(3) 说明2-⌀2的意义。
(4) 弯角处半径R=____mm。
(5) 画出A向视图。

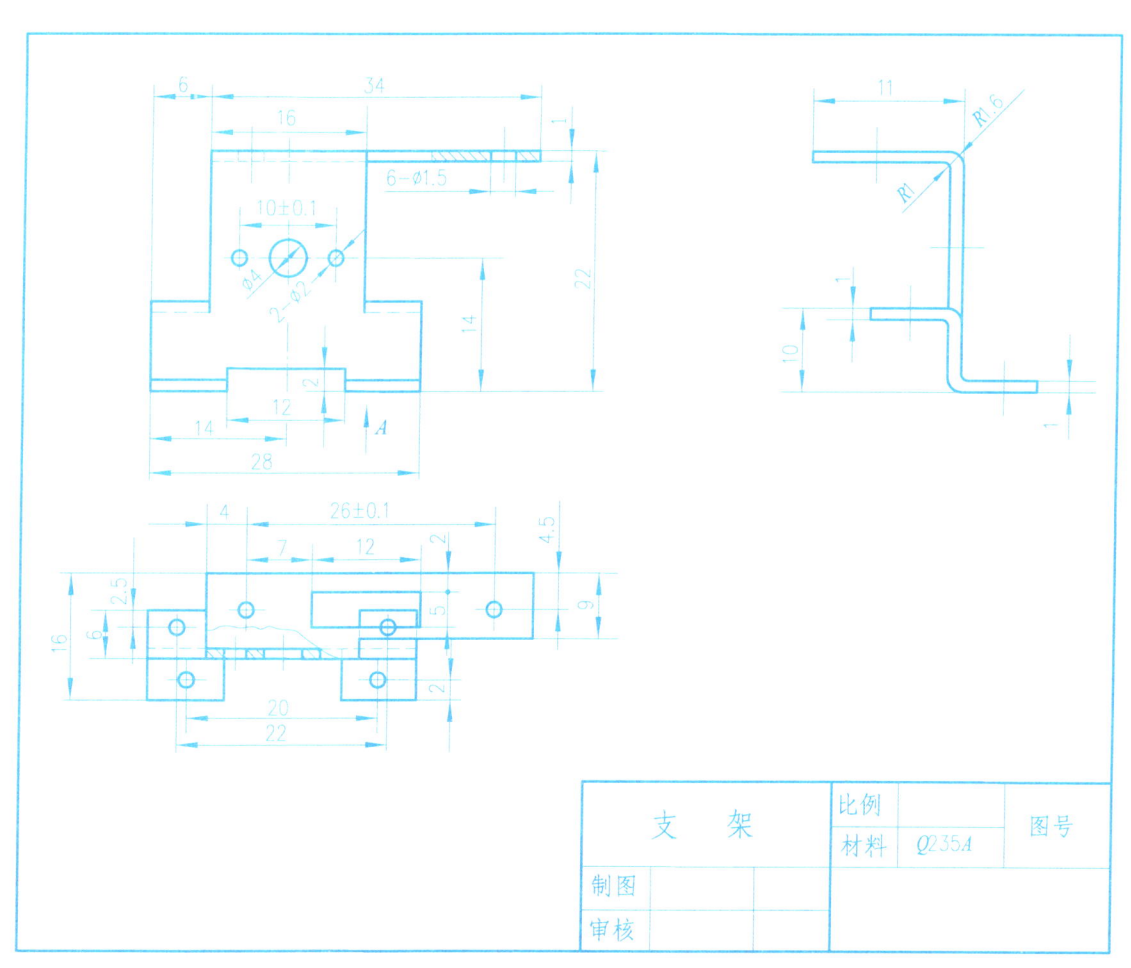

机械图（四）

读装配图练习

读懂高频插座装配图并回答问题。

1. 微带用高频插座说明

用途——微带电路是用金属印制在介质基片上的平面电路，它的频率很高，一般在数千兆赫兹以上。当与外界连接时，就需要将这种微带形式转化成同轴形式，以与同轴电缆连接。本插座就起着这种转换作用。因此，本高频插座不但应满足电气性能的要求，而且也要满足机械性能的要求。这是一种机、电相结合的装配体，它的结构尺寸也是根据机、电两方面的要求而决定的。

结构——本装配体由两部分组成。

外导体部分是由底座7、座套1组成。外导体部分除了完成电气方面的连接外，还起着机械连接作用。底座7通过压板5用四个螺钉6与面板连接；底座7的另一端通过螺钉与微带盒连接；为使底座7与座套1固定，采用了螺钉4。底座内的锥孔是为了阻抗变换而设计的，它的内圆柱孔也与阻抗有关，它们是根据电气要求而计算出的，因此它的基本尺寸带有小数，不能圆整。它的表面粗糙度也是根据电气要求而决定的，一般选 $\sqrt{1.6}$ ~ $\sqrt{0.8}$。

内导体部分是由内导体2、变换杆8、介质(一)3、介质(二)9组成，内导体主要是完成电气连接。它的一端有弹性结构，可以与外接插头的内导体连接。它的另一端可以与微带焊接，从而完成电气连接。变换杆8设计成圆锥状，是为了完成阻抗变换。内导体各零件的圆柱面外径也与阻抗有关，是根据电气要求而计算出的，因此它的基本尺寸有些也带有小数，不能圆整。介质(一)3、介质(二)9的作用是支持内导体，并将内外导体绝缘，它的尺寸也是由电气要求来决定的，这些内导体的外圆柱面的表面粗糙度也与电气性能有关，一般取 $\sqrt{1.6}$ ~ $\sqrt{0.8}$。

2. 问题

(1) 高频插座的作用是什么？

(2) 本插座分哪两大部分？试写出这两大部分所包括的零件名称及件号。

(3) 主视图选取了全剖视，左视图选取了半剖视，试指出其剖切平面的位置。

(4) 底座7与座套1固定采用了几个螺钉？从哪个视图可以看出？

(5) 欲取出变换杆8，试写出其拆卸顺序。

(6) 想像底座7的形状，并用两个视图(包括剖视)画出。

机械图（五）

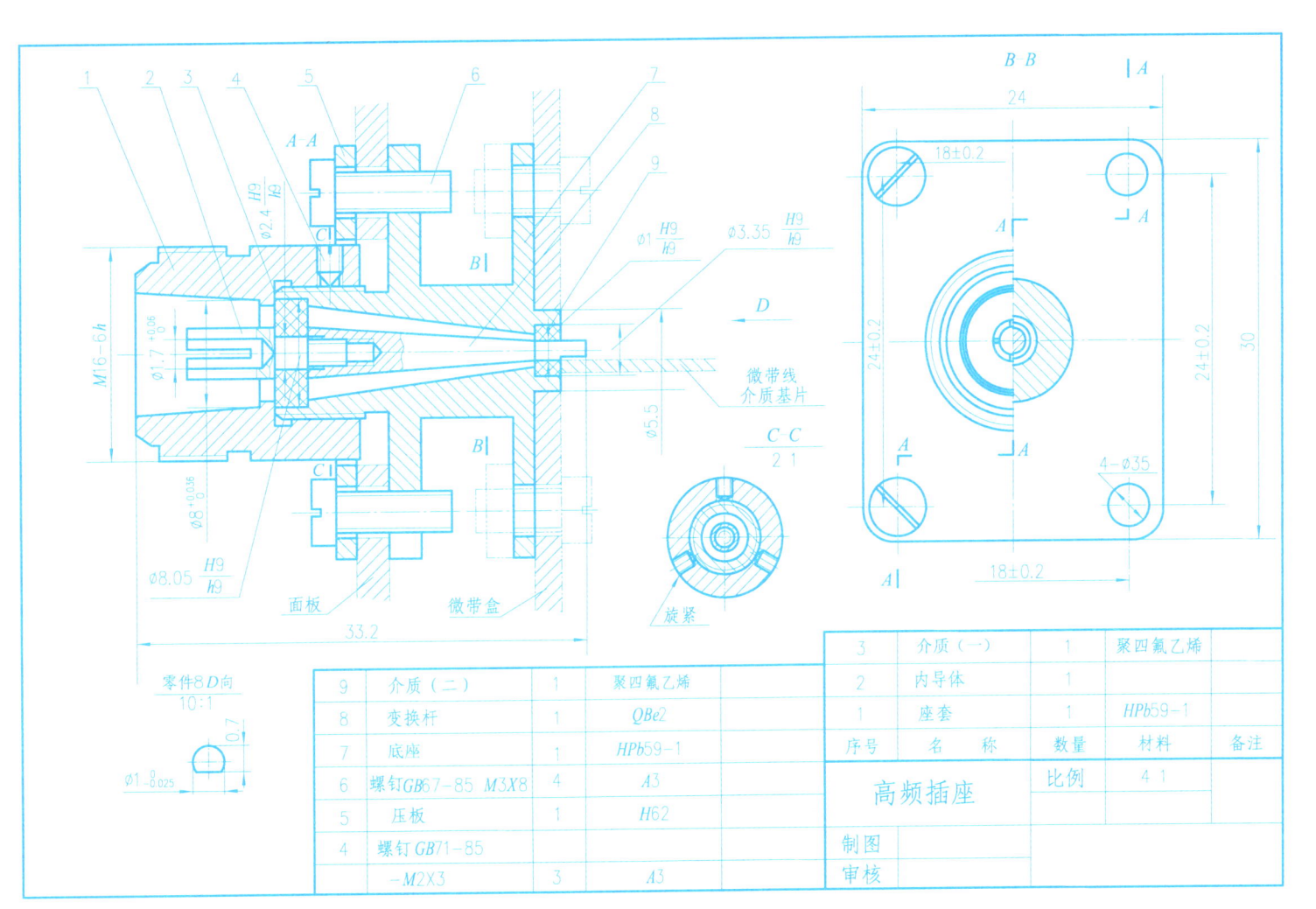

第10章 土木工程图　　土木工程图（一）　　班级　　姓名　　学号

10-1 阅读给出的房屋建筑图，并填空。

（1）图示房建图的图名应为_____。

（2）图中值班室的地面标高为_____m。

（3）图示房屋外墙的厚度为_____mm。

（4）图示房屋的总长度为_____m，总宽度为_____m。

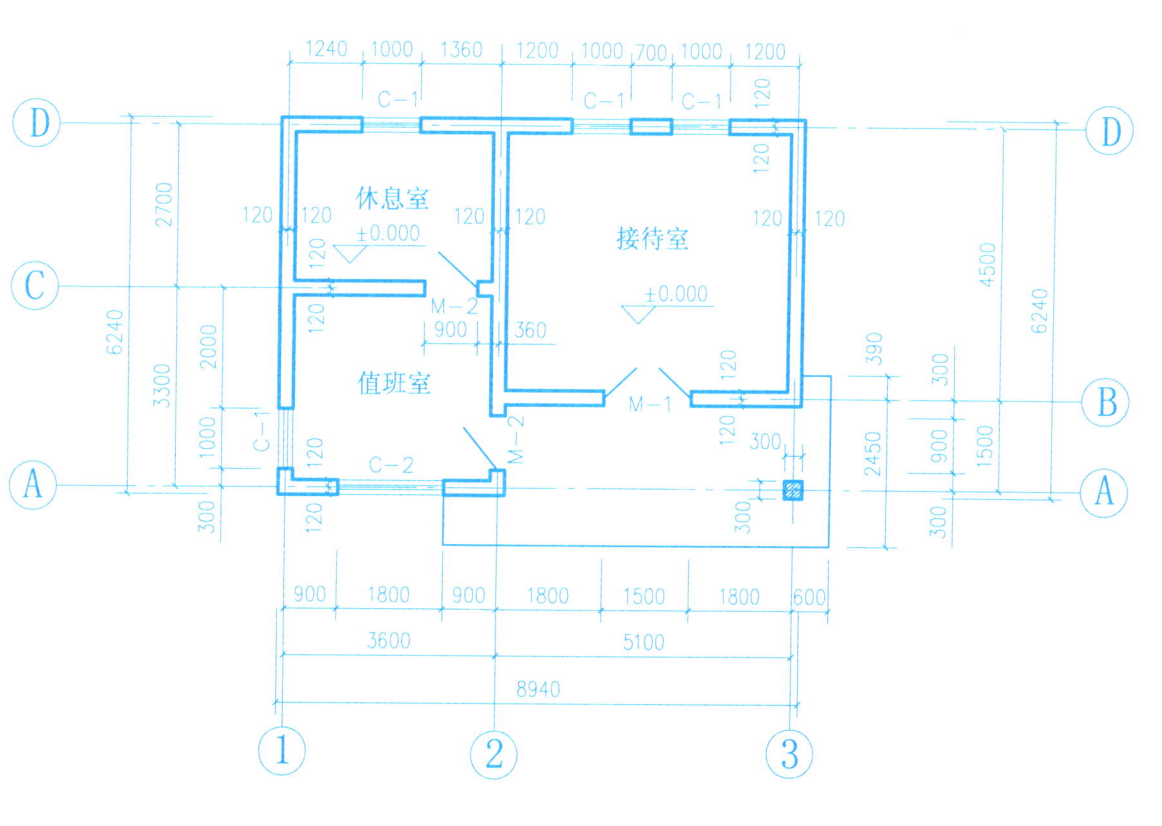

土木工程图（二）　　　　　　　　　　　　　　　　　　　班级　　　　姓名　　　　学号

10-2 下图为教材中房屋建筑立面图之一，结合教材的房建图读懂下图并填空。
(1) 按教材中立面图的命名原则，该立面图的图名应为＿＿＿＿＿＿＿，该立面的朝向为＿＿＿＿。
(2) 根据图中的标高可知，该房屋的总高为＿＿＿＿m。
(3) 图中A轴上方的三个矩形框表示＿＿＿＿＿＿。

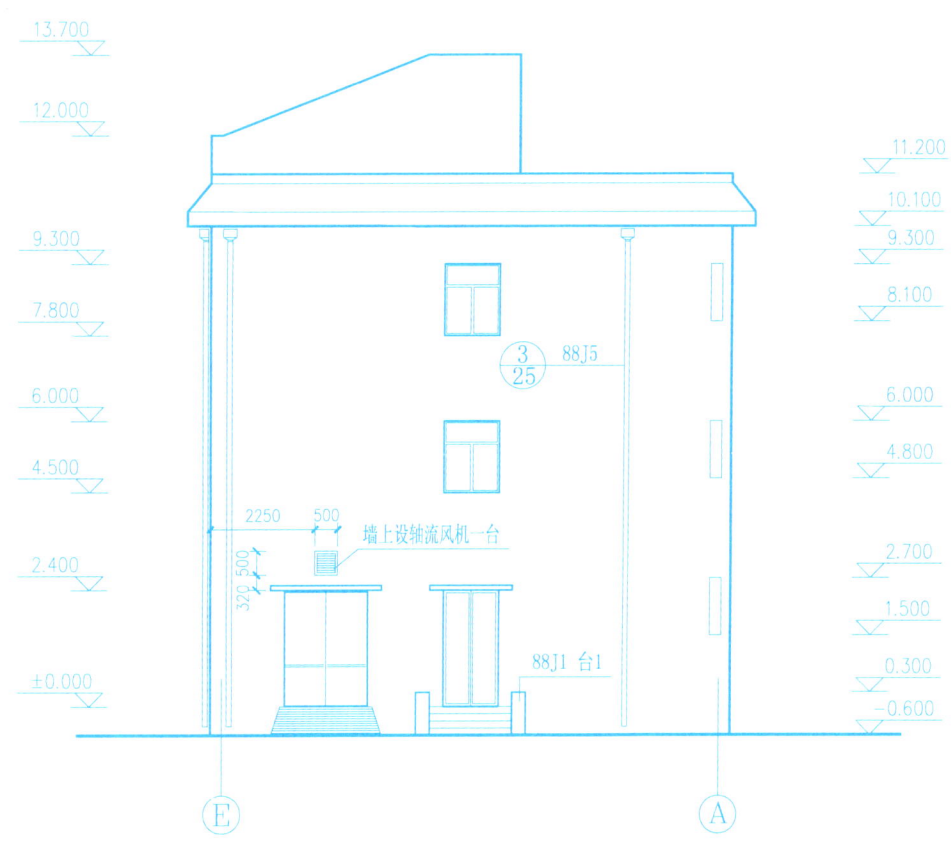

72

土木工程图（三）　　　　　　　　　　　　　　班级　　　姓名　　　学号

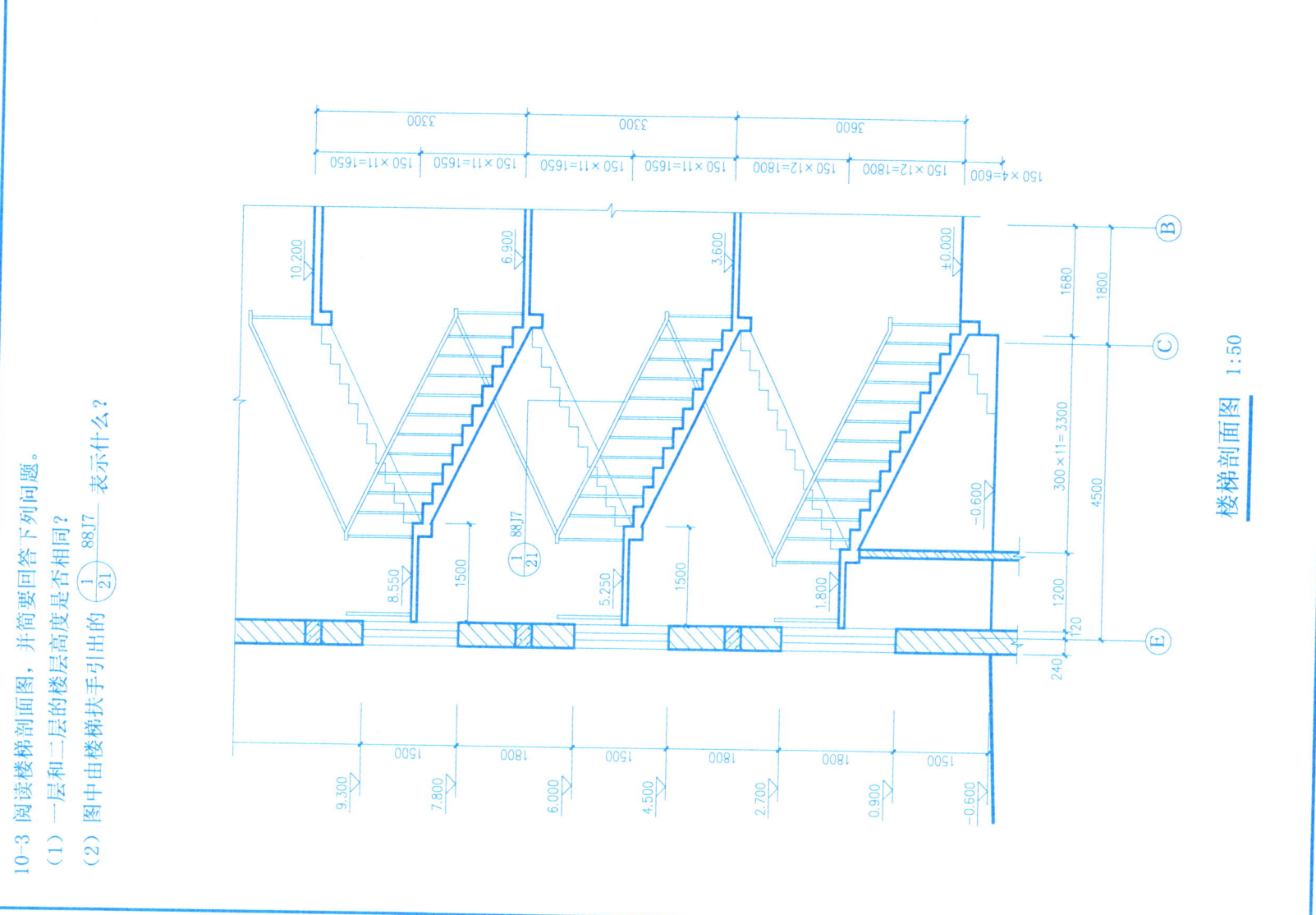

10-3 阅读楼梯剖面图，并简要回答下列问题。
（1）一层和二层的楼层高度是否相同？
（2）图中由楼梯扶手引出的 ①/21 88J7 表示什么？

楼梯剖面图 1:50

第 11 章 计算机辅助绘图   计算机辅助绘图（一）   班级   姓名   学号

11-1 用计算机绘制下图，要求按A3的幅面设置图幅、图框、标题栏，线宽图形尺寸自定。

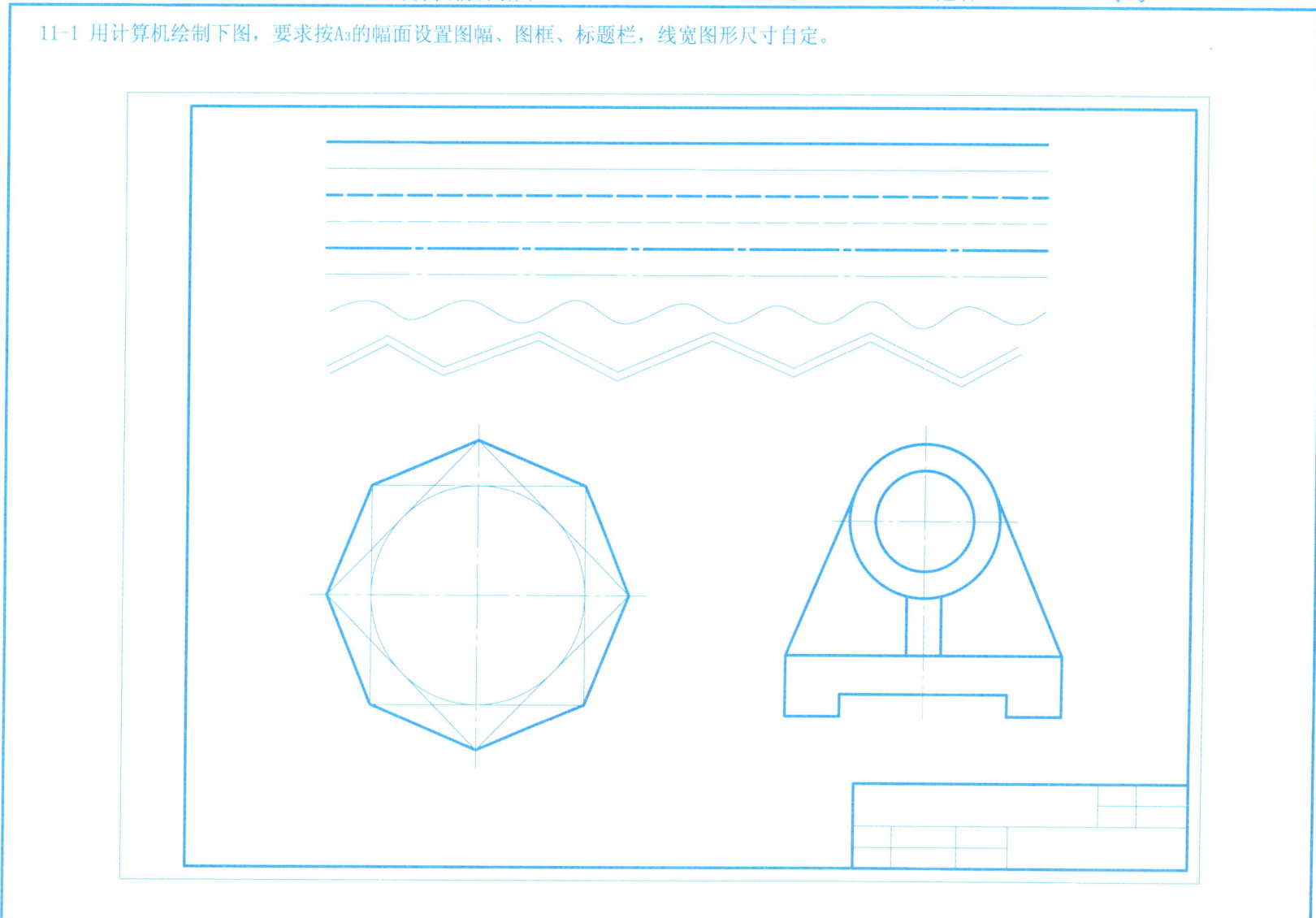

| 计算机辅助绘图（二） | 班级　　　姓名　　　学号 |

11-2 用计算机绘制下图，尺寸自定。

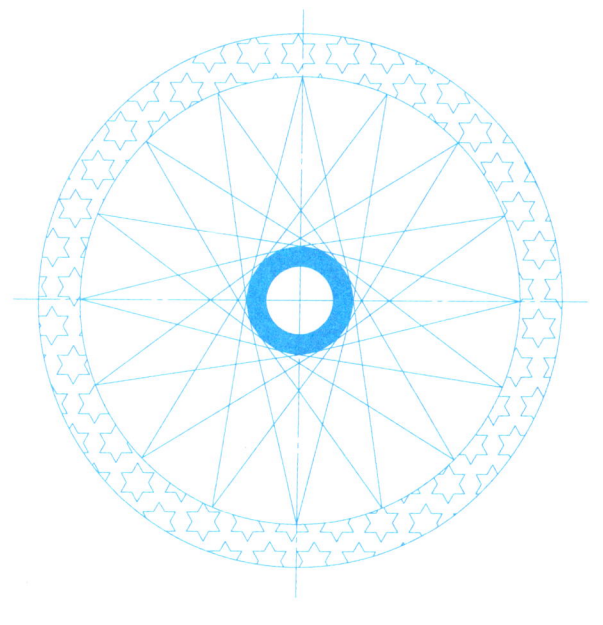
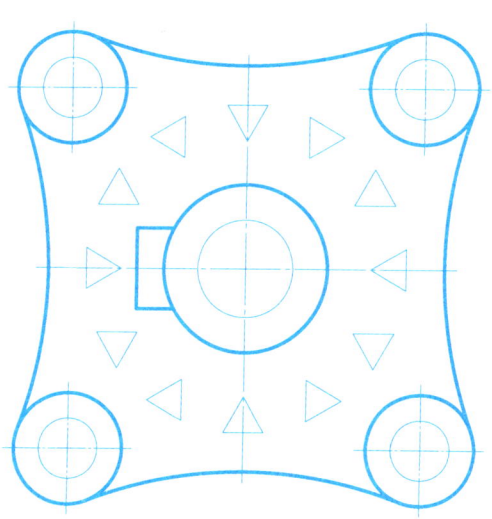

计算机辅助绘图（三）　　　　　　　　　　　　　　　　班级　　　姓名　　　学号

11-3 根据给定的尺寸，用计算机绘制下图。

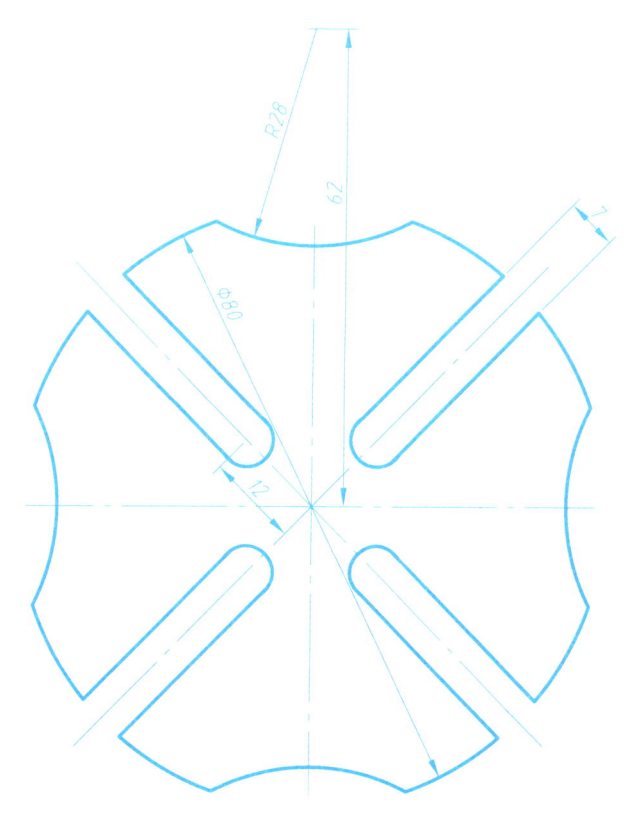
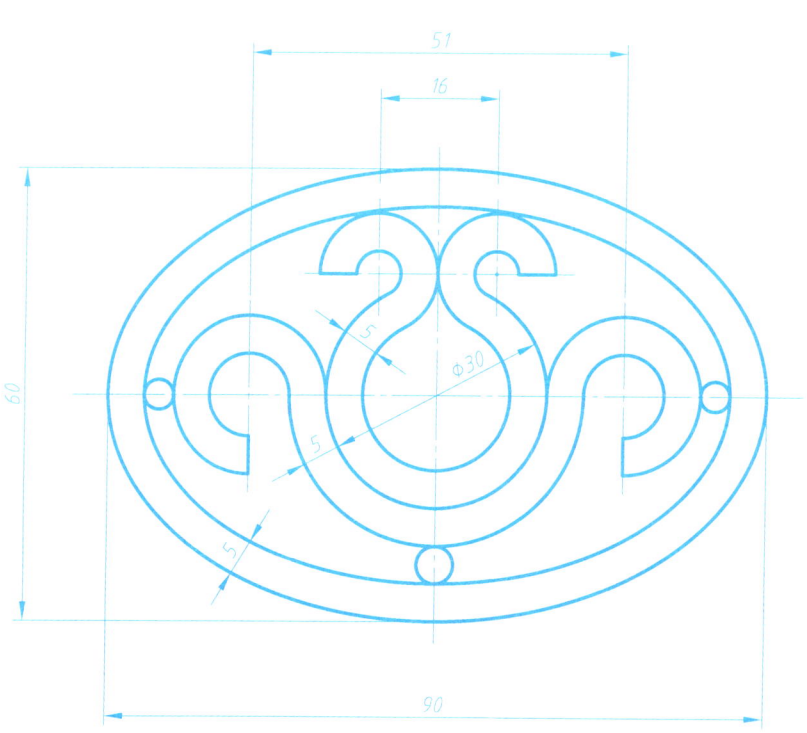

计算机辅助绘图（四）　　　　　　　　　　　　　　　　班级　　　　姓名　　　　学号

11-4 用计算机绘制习题7-10。

11-5 用计算机绘制斜轴测图。

（1）根据给定的尺寸，绘制正面斜二轴测图。　　　　　　（2）根据给定的尺寸，绘制水平斜等轴测图。

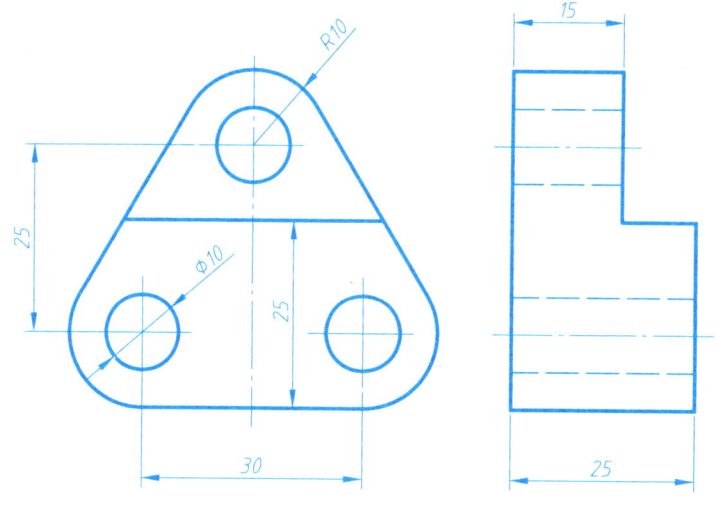

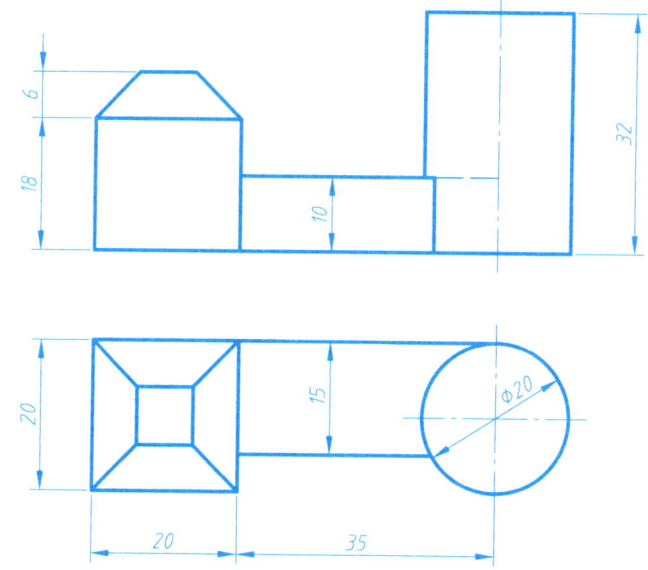